Hans-Dieter Langer

Festkörper-elektrolytkondensatoren

Mit 57 Abbildungen und 18 Tabellen

Akademie-Verlag · Berlin 1982

Autor:

Dozent Dr. sc. nat. Hans-Dieter Langer
Technische Hochschule Karl-Marx-Stadt
Sektion Physik elektronischer Bauelemente

Vom Manuskript des Autors gedruckt

Erschienen im Akademie-Verlag, DDR-1086 Berlin, Leipziger Str. 3—4
Lektor: Dipl.-Phys. Ursula Heilmann

Lizenznummer: 202 · 100/505/82
Umschlag: Willi Bellert
Gesamtherstellung: VEB Kongreß- und Werbedruck, 9273 Oberlungwitz
Bestellnummer: 763 038 4 (6669) · LSV 3535
Printed in GDR
DDR 25,— M

Inhaltsverzeichnis Seite

Vorwort

Die gegenwärtige Entwicklung der Elektronik wird von der auf der Grundlage der Halbleitertechnologie gefertigten Mikroelektronik bestimmt, die in einem heute überhaupt noch nicht in allen Konsequenzen vollständig abzusehendem Maße die weitere generelle wissenschaftlich-technische Entwicklung wie auch breite Bereiche der gesellschaftlichen Praxis zu beeinflussen beginnt.

Dieser Proezß hat nun keineswegs - wie man beim oberflächlichen Betrachten vielleicht annehmen könnte - einen Rückgang auf der Seite der passiven Bauelemente - diskreter oder auf der Basis von Schichttechnologien integrierter Formen - zur Folge.
Das Gegenteil ist der Fall!

Insbesondere bei Widerständen, Kondensatoren und einer Reihe von Spezialbauelementen, folgt man der klassischen Zuordnung, sind intensive Bemühungen um Neuentwicklungen und dabei um Mikroelektronikkompatabilität speziell zur Vervollständigung peripherer Baugruppen und Geräte zu verzeichnen. Gleichermaßen steigt auch der Produktionsumfang solcher passiver Bauelemente mit der Mikroelektronikentwicklung folgerichtig an!

Ein äußerst wichtiges passives Bauelement ist in diesem Zusammenhang der F e s t k ö r p e r e l e k t r o l y t - k o n d e n s a t o r , Gegenstand der in diesem Band wiedergegebenen Abhandlung.

Als Leitfaden dienen

1. Eine strukturelle Charakterisierung mit einem Vergleich mit MIS-Strukturen der Halbleiterelektronik. Dabei wird von Betrachtungen der Elektronenstruktur ausgegangen und auf den Kompositcharakter hingewiesen.

2. Quantitative Überlegungen zur Bauelementefunktion mit Ansätzen für ein physikalisch exaktes Konzept und eine Weiterentwicklung der traditionellen, auf Intuition beruhenden phänomenologischen Behandlung.

3. Der Zusammenhang zwischen Werkstoff und Technologie, wobei nach einem Vergleich der Basiswerkstoffe und -technologien wichtige Verfahrensschrittmodelle exakt berechnet bzw. physikalische Ansätze für die Berechnung aufgezeigt werden.

Es werden ausgewählte experimentelle Ergebnisse am Beispiel des Tantalkondensators mit poröser Anode, anodischem Tantaloxid - Dielektrikum und Manganoxid als halbleitendem Festelektrolyt - Katodenbelag vorgestellt.

Die exakte Behandlung verlangt, ausgehend vom realen Objekt, stets eine Beschränkung und Vereinfachung. Ein erstes Anliegen besteht dabei in der Suche nach einem Optimum in dem Sinne, daß die Bearbeitung so genau erfolgt, wie es der physikalische Ansatz bzw. der rechnerische Lösungsweg erfordern, andererseits aber die Vereinfachungen sich nicht zu sehr vom Praktischen entfernen, um dem Vergleich mit dem Experiment bzw. mit dem Produktionsverfahren zumindest noch qualitativ standzuhalten. Das erfordert allerdings eine tiefergehende Beschäftigung mit dem dargebotenen, theoretisch z.T. anspruchsvollen Stoff.

Und es ist ein weiteres wichtiges Anliegen dieses Beitrages, dem Praktiker neben einem gewissen Überblick über das Gebiet der Festkörperelektrolytkondensatoren ein Mittel in die Hand zu geben, das ihm vermöge der quantitativen Darstellungen hilft, bestimmte Trendaussagen zur Bauelementekonstruktion und zu deren werkstoff-technologischer Realisierung bzw. Weiterentwicklung zu finden.

Mit Rücksicht auf die Fülle der wissenschaftlich interessanten Aspekte und praktisch relevanten Phänomene und Probleme des Festkörperelektrolytkondensators kann die vorliegende Abhandlung sich nur auf die hier kurz skizzierten Schwerpunkte beziehen und diese bearbeiten.

H.G. Schneider H.-D. Langer

1. EINFÜHRUNG

Die Entdeckung des Transistors im Jahr 1948 stimulierte die Entwicklung kompatibler Elektrolytkondensatoren mit sehr hoher volumenspezifischer Kapazität unter Vermeidung der mit flüssigen Elektrolyten im Zusammenhang stehenden Probleme.

Das gezielte Suchen auf der Grundlage eines Festkörperelektrolyt-Konzeptes führte bereits im Jahr 1952 zur Erfindung des Tantalkondensators mit halbleitendem Manganoxid als Katodenbelag /1/, /2/. Innerhalb von wenigen Jahren wurde in den USA die Technologie dieses Bauelementes weiterentwickelt /3/, /4/ und derart perfektioniert, daß sehr bald zahlreiche Firmen, auch in Europa und Japan, die Großserienproduktion aufnahmen. Die Zahlenangaben in Tabelle 1 zeigen, daß sich der Tantal-Festkörperelektrolytkondensator in dieser Zeit einen wesentlichen Marktanteil in den USA eroberte und z. B. den Aluminiumkondensator mit flüssigem Elektrolyt spürbar verdrängte.

Tabelle 1: Entwicklung der Produktionsstückzahlen bei Elektrolytkondensatoren in den USA /5/

Kondensatortyp	Stückzahl/Mio 1952 - Jahr - 1956	
	1952	1956
Al-Folie, rauh flüssiger Elektrolyt	57,4	195,0
Ta-Folie, rauh flüssiger Elektrolyt	0,5	1,2
Ta-Sinterkörper flüssiger Elektrolyt	0,5	13,2
Ta-Sinterkörper, Manganoxid-Festelektrolyt	0	511,2

Diese Entwicklung wurde insbesondere durch die Bauform des Tropfenkondensators begünstigt, der alle Voraussetzungen für ein massives Eindringen in die Konsumgüterelektronik besaß.

Seit 1974/75 ist aufgrund zunehmender Rohstoffknappheit und steigender Tantalpreise die überproportionale Ausbreitung der Tantalkondensatoren etwas gedämpft worden. (Die Zuwachsrate beträgt gegenwärtig ca. 10 % jährlich). Die physikalischen und technologischen Grenzen des Systems sind aber längst noch nicht erreicht. Und gerade unter dem Aspekt einer extrem hohen Lebensdauer, einer Anwendbarkeit in weiten Betriebstemperatur- und Betriebsfrequenzbereichen sowie einer Dank der Chip- und Dünnschichtbauformen direkten Integrierbarkeit in Hybridschaltkreisen der Mikroelektronik hat der Festkörperelektrolytkondensator einen sicheren Platz im Spektrum der auch in fernerer Zukunft bedeutenden Kondensatorbauelemente eingenommen.

Es hat von Anfang an nicht an Versuchen gefehlt, ausgehend vom Konstruktionsprinzip des Tantalkondensators mit Manganoxid-Festelektrolyt, bestimmte Materialsubstitutionen vorzunehmen. Am erfolgreichsten waren dabei die Bemühungen, das Elektrodenmetall Tantal durch Aluminium bzw. durch Niob zu ersetzen. Prinzipiell sind natürlich alle Metalle, Halbmetalle und Halbleiter für diesen Zweck geeignet /6/, sofern sie bei hinreichend guter, effektiver elektrischer Leitfähigkeit hohe volumenspezifische Oberflächen zu realisieren gestatten und die freie Oberfläche mit einer dielektrischen Schicht sowie einem Gegenelektrodenbelag, dem Festkörperelektrolyt, vollständig bedeckt werden kann. Traditionell gehören zu dieser Klasse von Elektrodenmaterialien alle Ventilmetalle und ihre Legierungen, da es sich bewährt hat, die dielektrische Schicht durch anodische Oxydation der Grundelektrode herzustellen. Dadurch liegen diese beiden Konstruktionselemente des Kondensators untrennbar als Oxidelektrode vor. Dies ist jedoch eine Einschränkung, die z. B. bei Dünnschichtkondensatoren mit eingelagertem Festelektrolytbelag nicht unbedingt zutrifft. In diesem Zweig der Festkörperelektrolytkondensatoren[1)] ist die Palette der möglichen Elektroden- und oxidischen Dielektrikumsmaterialien und deren Herstellungsverfahren im Stadium der Forschung bereits außerordentlich breit /6/. Dem stehen aber noch gegenwärtig nur wenige industriell genutzte Anwendungsfälle gegenüber. Mit großem

[1)] In der Literatur ist auch die Bezeichnung Festelektrolytkondensator gebräuchlich. Nachfolgend wird diese vereinfachte Schreibweise übernommen.

Aufwand wurde international auch versucht, das Manganoxid durch einen anderen Festelektrolyt zu ersetzen. Erfolgversprechend werden zu diesem Zweck Werkstoffkombinationen auf der Basis organischer Halbleiter untersucht. Forschungen auf den Gebieten der Physik der Verbindungshalbleiter und der Physik amorpher Festkörper haben zahlreiche Impulse zum Verständnis der Eigenschaften der oxidischen Dünnschichtdielektrika gegeben. Man ist daher bereits in der Lage, bestimmte Dotanden einzubringen bzw. Technologien anzuwenden, um gewünschte Eigenschaftskomplexe des Dielektrikums gezielt technisch zu realisieren.

Bei der Betrachtung des Grundaufbaus drängt sich der Vergleich mit MIS-Bauelementen der Halbleitertechnik auf. Die auffälligsten Besonderheiten lauten wie folgt:

a) großflächige Struktur
Die historische Entwicklung der relativen Flächenanteile pro Bauelement ist für den diskreten bzw. integrierten MIS-Transistor und den Tantalkondensator mit Sinteranode und Manganoxid-Festelektrolyt im Bild 1 dargestellt. Für das Jahr 1980 kann man ein Flächenverhältnis von 10^{11} : 1 zugunsten des diskreten Kondensatorbauelementes angeben. Absolut bedeutet das etwa 10^3 cm^2 beim Kondensator und 10^{-8} cm^2 beim integrierten MIS-Transistor. Bekanntlich wird die Defektfreiheit des Gateisolators in der mikroelektronischen Technik nur mit hohem Aufwand praktisch realisiert, und die Ausbeuten in der Halbleiter- und

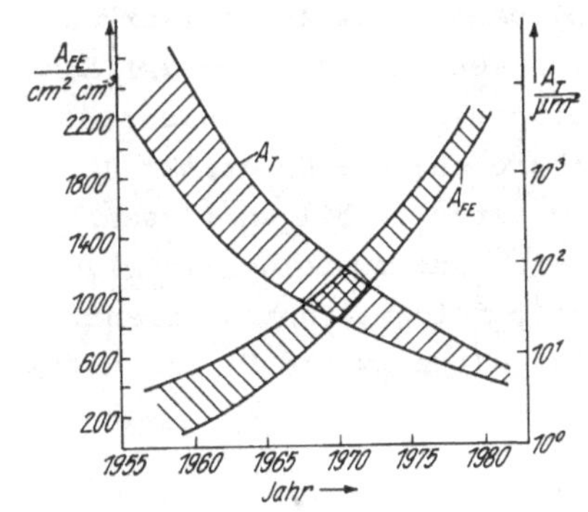

Bild 1:
Historische Entwicklung der funktionell genutzten Fläche von Festelektrolytkondensatoren (A_{FE}) und MIS-Transistoren (A_T Gatefläche)

in der Hybridmikroelektronik sinken nicht zuletzt aufgrund von Isolationsdefekten progressiv mit steigender Chip- bzw. Substratgröße pro Schaltkreis. Es ist daher die große Bedeutung verständlich, die dem Selbstheileffekt in der auf große Flächen angewiesenen Kondensatortechnik beizumessen ist. Die Effektivität des Selbstheileffektes bei Kondensatoren sinkt (trotz grundsätzlich unterschiedlicher physikalischer Ursachen!) erfahrungsgemäß in der Reihenfolge Elektrolytkondensator mit flüssigem Elektrolyt, Elektrolytkondensator mit Festelektrolyt, Foliewickelkondensator mit metallisiertem Dielektrikum, Foliewickelkondensator mit Metallfolie drastisch ab, doch ist gerade die (z. T. noch ungenügend erforschte) Selbstheileigenschaft des Festkörperelektrolyten Manganoxid eine der tieferen Motivationen für dessen technologische Verbreitung.

b) gekrümmte Grenzflächenstruktur
Man darf bei klassischen MIS-Bauelementen von einer makroskopisch ebenen Grenzflächenanordnung ausgehen, wenn dies auch mikroskopisch nur begrenzt zutrifft. Festkörperelektrolytkondensatoren mit porösen Metallelektroden haben dagegen grundsätzlich makroskopisch und mikroskopisch gekrümmte Grenzflächenanordnungen. Damit treten z. B. parasitäre Wechselwirkungen von Flächenelementen der äußeren Festelektrolyt-Oberfläche stärker zum Vorschein. Man wird beispielsweise bei entsprechender Annäherung der Oberflächenbereiche die Kapazität der äußeren Randschicht des Halbleiters berücksichtigen müssen. Der räumliche Charakter mechanischer Spannungsfelder infolge chemischer, elektrischer, thermischer Feldgradienten erlangt praktische Bedeutung bezüglich Haftfestigkeit und Eigenschaftsstabilität der Schichtbeläge.

c) räumlich vernetzte Strukturanordnung
Die Unterbringung des großflächigen Bauelementes an der geometrischen Oberfläche und an den Porenoberflächen eines porösen Elektrodenfestkörpers hat u. a. Abschirmeffekte bei Einwirkung von Feldgrößen (z. B. Abschirmung des elektrischen Gleichfeldes bei der anodischen Oxydation, des chemischen Potential-

feldes, des strömungsmechanischen Kraftfeldes bzw. des Temperaturfeldes bei technologischen Operationen zum Herstellen des Festelektrolytbelages; des elektrischen Wechselfeldes in Bezug auf die Bauelementefunktion bei höheren Frequenzen) zur Folge. Die parasitären Effekte sind gerade im Inneren engster Porenräume nicht mehr vernachlässigbar klein. Große effektive Bahnlänge und geringe Schichtdicken des Festelektrolyten im Porenraum erklären die Dominanz von dessen Beitrag zum elektrischen Bahnwiderstand im Vergleich zur Metallelektrode. (Das trifft selbstverständlich nur dann zu, wenn nicht noch höhere Dispersität und/oder spezielle Kontaktbrückeneigenschaften des Metallskeletts dies überkompensieren).

d) Werkstofftechnologische Besonderheiten
Die Gegebenheiten des Strukturaufbaus werden in Bezug auf die übliche MIS-Technologie beim heutigen Stand der Festelektrolytkondensator-Technik auf den Kopf gestellt. Man geht von einem Metallelektrodensubstrat aus, das obendrein polykristallin vorliegt. Das Isolatoroxid wird durch anodische Oxydation bei relativ niedrigen Temperaturen (80° bis 95 °C) mit einem flüssigen Elektrolyt hergestellt. Den kristallinen Festelektrolyt gewinnt man durch Pyrolyse einer zuvor imprägnierten Mangannitratlösung. Dies trifft vor allem für Kondensatoren mit poröser Elektrode zu. Für Dünnschichtkondensatoren mit Festelektrolytzwischenschicht sind andere Verfahrensvarianten relevanter (z.B. Zerstäubungstechniken). Bedeutsam für die Halbleitereigenschaften ist der polykristalline Zustand des Manganoxids. Sein Vermögen, Ionen zu leiten, Sauerstoff zu spenden und dabei begrenzte Halbleiter/Isolator-Umwandlungen zu erleiden, ist Grundlage für den spezifischen Selbstheileffekt.

Man kann im konkreten Fall eine Fülle weiterer Besonderheiten unter solchen Aspekten wie Eigenschaftsverbesserung, Konstruktionsweiterentwicklung und Materialsubstitution zu beachten. Schwerpunkte sind dabei die Eigenschaften der Grenzschichten Metall/Isolator und Isolator/Festelektrolyt sowie die Volumeneigenschaften des Isolators.

Von Vorteil ist wegen des fortgeschrittenen Standes der MIS-Technik, wenn man dabei auch deren nicht unerhebliche Gemeinsamkeiten zur Festelektrolytkondensator-Technik vor Augen hat.

Betrachtet man die Elektrolytkondensatoren, die zu den gegenwärtig höchstkapazitiven elektronischen Bauelementen zählen, im C_N-U_N-Diagramm im Bild 2 (C_N Nennkapazität, U_N Nennspannung), so fällt eine relativ geringe Eigenständigkeit der Festelektrolytkondensatoren auf.

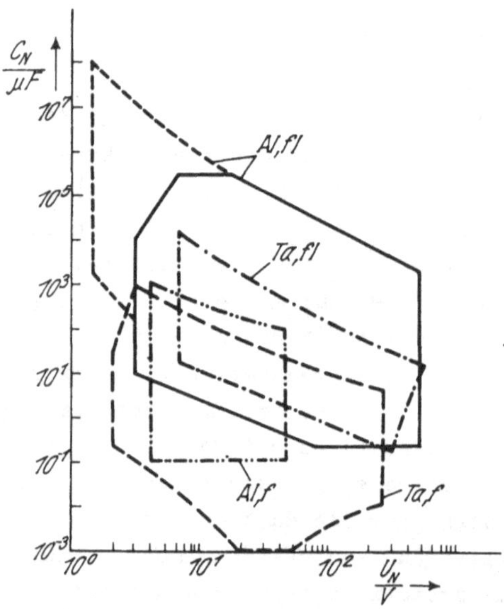

Bild 2:
Praktisch realisierte C_N-U_N-Bereiche von Al- und Ta-Kondensatoren mit flüssigem und festem Elektrolyt
(Al, Ta - Elektrolytkondensatoren mit porösen Al-, Ta-Oxidelektroden,
fl, f - flüssiger bzw. fester Elektrolyt)

Die Vorteile lagen tatsächlich von Anfang an auf anderen Gebieten wie z. B.

- Bauformen (leiterplatten- und hybridgerecht)
- Betriebsfrequenzbereich (hohe Resonanzfrequenz, geringe Frequenzabhängigkeit der Parameter)
- Betriebstemperaturbereich (niedriger Serienwiderstand bei tiefen und Parameterstabilität bei hohen Temperaturen)
- Zuverlässigkeit (hohe Lebensdauer unter Betriebsbedingungen: Spannung, Temperatur, Strahlung, Atmosphäre, mechanische und klimatische Belastungen).

Die nachfolgende Übersicht soll dies anhand einer Punkte-Bewertung wichtiger Anwendungskriterien von verschiedenen Ta-Elektrolytkondensator-Varianten unterstreichen. (Die Zahlenangaben entsprechen der Rangfolge der vier Varianten.)

Oxidelektrode	Elektrolyt	Parameter/Merkmal								
		q_N	ΔU_N	I_R	$I^{\sim}$	ΔT_B	Δf	U_u	λ_p	Bauform
Folie, anodisch oxydiert	flüssig	3	1	3	2	3	4	2	3	4
Sinterkörper, anodisch	flüssig	1	2	2	4	3	3	3	1	4
	fest (MnO_2)	2	3	4	3	2	2	1	1	2
Dünnschicht	"	4	3	1	1	1	1	1	1	1

Es bedeuten: q_N Nennladung ($C_N \cdot U_N$ pro Volumen), ΔU_N Nennspannungsbereich, I_R Reststrom, $I^{\sim}$ Wechselstrombelastbarkeit, ΔT_B Betriebstemperaturbereich, Δf Betriebsfrequenzbereich, U_u Umkehrspannungsbelastbarkeit, λ_p Prüfausfallrate. Die Bauformbewertung bezieht sich vor allem auf die Integrierbarkeit als Einbaukomponente in Hybridschaltkreisen. Nähere Angaben zu Bauformen und Bauelementefunktion von Elektrolytkondensatoren findet man z. B. in /7/.

Andererseits hat die Technologie der Festelektrolytkondensatoren immer von den Verfahrensfortschritten bei Elektrolytkondensatoren mit flüssigem Elektrolyt profitiert. Deshalb sind gerade im Nachgang des gegenwärtig massiven Vordringens in den Bereich C_N (sehr hoch), U_N (sehr niedrig) bei Al, fl erhebliche C_N-Entwicklungen bei Festelektrolytkondensatoren zu erwarten, wobei auch diese dem allgemeinen Trend nach niedrigen U_N-Pegeln folgen müssen.

2. STRUKTURCHARAKTERISIERUNG

2.1 Grundstrukturen von Festelektrolytkondensatoren

Eine Einteilung der Festelektrolytkondensatoren nach typischen Konstruktionselementen und Verfahrensschritten zur Strukturrealisierung findet sich in Tabelle 2. Der Festelektrolyt Manganoxid erlangte technische Bedeutung in der diskreten und integrierten Schichttechnik ebenso wie in diskreten Kondensatoren mit verschiedensten Wickel- und porösen Formkörpern. Dabei wird auf Sonder- und Grenzformen des Wickels (Drahtwickel, Foliefaltkörper, Foliestapel, Flachwickel u.a.) nicht eingegangen.

In der Schichttechnik benötigt man ein Substrat, wobei der Trend zu Metallsubstraten geht, die mit einem isolierenden Belag versehen sind. Eine große werkstofftechnologische Variabilität findet man bei der Grundelektrode, die in der diskreten Technik konstruktiv die Trägerfunktion übernimmt und den maximalen Kapazitätsbetrag durch große Flächen etwa gleichrangig mit der geringen Dicke des oxidischen Dielektrikums bestimmt. Es werden zur Realisierung dieser beiden Konstruktionselemente typische Verfahren der Hochvakuumtechnik, der Metallurgie und der Elektrochemie teilweise in Kombination eingesetzt. Zunehmende Bedeutung erlangen im Bereich der Pulverbereitstellung und -verarbeitung (Dickschichtpasten, poröse Formkörper) sowie der Benetzung und Imprägnierung hochporöser Strukturen mit Flüssigkeiten die Erfahrungen der Kolloidchemie. Bei planaren Strukturen dominieren auch zur Herstellung des Kontaktiersystems Aufdampf-, Aufstäubungs- und Aufsprühverfahren, während man bei räumlich angeordneten Kontaktierflächen auch heute noch Suspensionen anwendet, die im Tauchverfahren mit nachfolgender Wärmebehandlung eine rationelle Auftragsmethode gefunden haben. Allerdings ist ein Trend zu gänzlich anderen Technologien (z.B. Aufsprühen) und Werkstoffen (z. B. Komposite) unverkennbar, da die traditionellen Kontaktiersysteme teilweise den gestiegenen Armierungsanforderungen mit verfeinerten und spezialisierten Löt- bzw. Schweißverfahren nicht mehr gewachsen sind.

Als binäre Katoden- und/oder Kontaktierkomposite sind beispielsweise zu nennen:

<u>Leiter-Leiter-Komposite</u>
pyrolytisches MnO_2/MnO_2-Pulver
MnO_2/Graphit
MnO_2/Metall-Pulver

Tabelle 2: Typische Konstruktionselemente und Verfahrensschritte zur Strukturrealisierung

Konstruktionselement	technische Variante			
	Dünnschicht	Dickschicht	Wickel	poröser Formkörper
Substrat	Glas	Keramik, Stahl (emailliert)	-	-
Grundelektrode	Metallschicht (Aufdampfen, Aufstäuben)	Dickschichtpaste (Siebdrucken, Einbrennen)	glatte bzw. poröse Metallfolie (Walzen, Aufrauhen durch Ätzen)	poröses Metallgerüst (Pulver, Pressen, Sintern)
Dielektrikum	Oxidschicht (Anod.Oxydation, reaktives Aufstäuben, CVD, reakt. Aufdampfen)	Dickschichtpaste (Siebdrucken, Einbrennen)	Oxidschicht (Anod. Oxydation)	Oxidschicht (Anod. Oxydation)
Festelektrolyt	Manganoxidschicht (Pyrolyse von Mn-Nitrat, reaktives Aufstäuben)	Manganoxidschicht (Pyrolyse von Mn-Nitrat, reaktives Aufstäuben)	Manganoxidbelag (Pyrolyse von Mn-Nitrat)	Manganoxidbelag (Pyrolyse von Mn-Nitrat)

Fortsetzung von Tabelle 2:

Konstruktionselement	technische Variante			
	Dünnschicht	Dickschicht	Wickel	poröser Formkörper
Kontaktierung	Metallschicht (Aufdampfen, Aufstäuben)	Metallschicht (Aufsprühen, Siebdrucken)	Graphit- und/oder Metall-Belag (Benetzung mit Graphit- bzw. Metall-Suspensionen, Eintrocknen bzw. Einbrennen)	Graphit- und/oder Metall-Belag (Benetzung mit Graphit- bzw. Metall-Suspensionen, Eintrocknen bzw. Einbrennen; Metall-Aufsprühen; galvanischer bzw. chemischer Metall-Auftrag)
Armierung	Leiterbahn und/oder Löt- bzw. Bondinsel	Leiterbahn und/oder Löt- bzw. Bondinsel	Anschlußdraht, Anschlußfahne (Schweißen: Kaltpreßschweißen, Punktschweißen)	Anodendraht (Schweißen: Punktschweißen, Stumpfschweißen), katodischer Lotbelag (Tauchverzinnen)

Leiter-Nichtleiter-Komposite
MnO_2/Zellulose
Metall-Pulver/Harz
Metall-Pulver/Kunststoff
Metall-Pulver/Glas
Metall-Pulver/Keramik
organischer Halbleiter/Kopolymer

Es zeichnet sich ein gewisser Trend zu ternären Kompositen ab. Kondensator-Einbaukomponenten in Chip-Bauweise, die in der Hybridmikroelektronik neben integrierten Schichtkondensatoren zunehmend an Bedeutung erlangen, vereinen teilweise die typischen Verbindungsverfahren der diskreten /8/ und integrierten Technik /9/, /10/, stellen jedoch mehr und mehr arteigene werkstofftechnologische Anforderungen. Dem Anliegen der vorliegenden Arbeit folgend, hat man somit die in Tabelle 3 skizzierten Grundstrukturen von Festelektrolytkondensatoren. Es wurde nach planaren, gewickelten und räumlich vernetzten Anordnungen entsprechend dem Aufbau der Oxidelektroden unterschieden. Schichtstrukturen sind planar gemäß der ebenen Geometrie des Substrates. Für die laterale und zum Teil auch für die vertikale Strukturierung wendet man die in der Mikroelektronik bewährten Masken-, Lithographie- und Abtragstechniken an. Die verschiedenen modernen Möglichkeiten des programmgesteuerten Funktionsabgleichs, z. B. mit Elektronen- oder Laserstrahlen sind einer der großen Vorteile der planaren Festelektrolytkondensatoren gegenüber räumlich ausgedehnten Bauelementen. Da der Festelektrolyt im allgemeinen eine geringere elektrische Leitfähigkeit als typische Elektrodenmetalle hat, wird ein größtmöglicher Teil seiner Oberfläche mit einem zweiten Metallbelag kontaktiert. Denkt man sich die planare Anordnung ohne Substrat wie ein Band auf einen Dorn aufgewickelt, so entsteht die Struktur des Wickelkondensators. Zweckmäßig wird der zweite Metallbelag durch Stirnflächenkontaktierung aufgebracht. Ein teilweises Eindringen des Metallkontaktes in die Grobporen zwischen den Wikkellagen ist erwünscht. Räumlich vernetzte Strukturen sind bei Anwendung poröser Metallelektroden typisch. Für das Bauelement

Tabelle 3: Grundstrukturen von Festelektrolytkondensatoren

Struktur	Kondensatorart	Grundaufbau schematisch	Grundaufbau Heteromodell
planar (auf einem Substrat)	Schichtkondensator	—	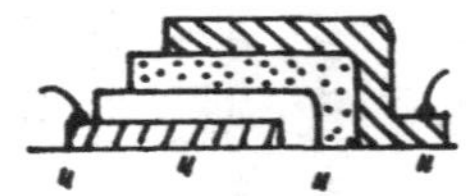
räumlich gewickelt	Wickelkondensator		
räumlich vernetzt	Kondensator mit poröser Formkörperelektrode		

wird nur das offene Porensystem genutzt. Der Festelektrolyt ist technologisch auf der gesamten inneren und äußeren Oberfläche der Oxidelektrode aufzutragen. Die Kontaktierung erfolgt über die äußere geometrische Oberfläche des porösen Elektrodenkörpers.
Auf Basiswerkstoffe und -technologien von Grundstrukturen wird in Abschn. 3 eingegangen.

In Tabelle 4 sind einige in der Literatur behandelte Strukturbeispiele zusammengestellt. Das technische Interesse geht jedoch z.T. weit über das Gebiet des Festelektrolytkondensators hinaus.

2.2 Werkstoffliche Charakterisierung

2.2.1 Elektronenstruktur und Eigenschaften der Elektrodenelemente

In Anhang 1 sind Oxidelektrodenelemente eingetragen, die in Festelektrolytkondensatoren eingesetzt werden bzw. ein Reservoir für die Erkundungsforschung in diesem Bereich bilden. Dabei stehen Si, Ge und La, Ce nur stellvertretend für eine größere Gruppe von prinzipiell geeigneten Halbleitern bzw. -metallen sowie für die Gruppe der Lanthaniden. Aus der Schalenkonfiguration der äußeren Atomelektronen leiten sich Ähnlichkeitsgruppen der Bandstruktur und der Kristallsymmetrie ab. Die Edelgaskonfiguration der äußeren Elektronen der zugehörigen Kationen ist ein Maß für die Stabilität der entsprechenden oxidischen Verbindung (vgl. Anhang 2). In Anhang 1 sind außer den Atomradien r_A auch die entsprechenden Ionenradien bzw. kovalenten Radien (r_I, r_K) sowie die Bindungsenergie pro Atom E_B vermerkt. Es folgen Angaben zur Austrittsarbeit ϕ_M, zu $\varkappa$(elektrische Leitfähigkeit), λ (thermische Leitfähigkeit), α_T (linearer thermischer Ausdehnungskoeffizient) sowie zu den Aktivierungsenergien der Selbstdiffusion ΔE_S und der interstitiellen H-Diffusion ΔE_H und zur maximalen O-Konzentration (c_{max}). Die Berechnungen der Energiestruktur bereiteten vor allem bei Übergangsmetallen Schwierigkeiten, die jedoch auf der Grundlage der APW (augmented plane wave)- und der KKR-Methode unter Be-

Tabelle 4: Beispiele für Metall-Oxid-Festelektrolyt-Strukturen (MOFE-Strukturen) in der Literatur

Werkstoff-Struktur	Konstruktion	Literatur
Ta - Ta_2O_5 - MnO_2 - Pt	Dünnschicht	/11/
Al - MnO_2 - Al_2O_3 - Au	Dünnschicht	/12/
Si - SiO_2 - MnO_2	Dünnschicht	/13/
$M^{(1)}$-$M^{(1)}$-Oxid-$M^{(2)}$-Oxid	Dünnschicht	/14/
$M^{(1)}$ = Al, Nb, Ta		
$M^{(2)}$ = Fe, Co, Cr, Mn, Ni Pb, Zn		
Ta-Ta_2O_5 - oxidische Verbindung	Spitzenkontakt:	/15/
Ox. Verb.: MnO_2, PbO_2 Mn_2O_3	blockierend	
Ox. Verb.: CuO, NiO-Li_2O, CdO, V_2O_5, $Na_{0,7}$ WO_3	nicht blockierend	
Ta - Ta_2O_5 - PbO_2	Sinterkörper	/16/
Ta-Ta_2O_5 - MnO_2	Sinterkörper	/1/ /17/ /18/ /19/
Al - Al_2O_3 - MnO_2	Sinterkörper	
Al - Al_2O_3 - organischer Halbleiter		
Al- Al_2O_3 - Graphit		/20/ /21/
Ti - TiO_2 - MnO_2	Sinterkörper	/111/
Nb - Nb_2O_5 - MnO_2	Sinterkörper	/145/

rücksichtigung relativistischer Effekte überwunden werden konnten /22/. Die Hybridisierung zwischen s-, p- und d-Bändern ist ein wesentlicher modifizierender Effekt bei d-Übergangsmetallen. Sie haben im Bereich der meist schmalen d-Bänder ausgeprägte Spitzen der Zustandsdichte, wie aus Bild 3 für Nb, Ta und Ti hervorgeht. Die d-Bänder sind nicht vollständig besetzt. Dies in Verbindung mit der Lage der FERMI-Energie E_F unmittelbar unterhalb (Nb, Ta) bzw. oberhalb (Ti) eines ausgeprägten Zustandsdichteminimums bzw. der teilweisen Überlappung von gefüllten mit ungefüllten Bändern hat z. T. noch unzureichend erforschte Konsequenzen für Festelektrolytkondensatoren mit Bezug auf gewollte bzw. ungewollte Dotierungs- und Legierungseffekte.

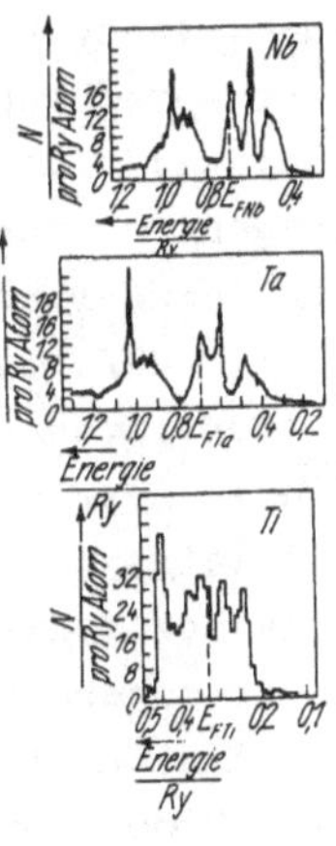

Bild 3:
Zustandsdichtefunktionen von Nb, Ta und Ti /23/,/24/

In /25/ konnte an dünnen aufgedampften Ta-Schichten gezeigt werden, daß durch Zusatz von 7wertigem Re im Bereich von 32,5 bis 39,9 At% bei einer Elektronendichte von 5,7 pro Atom (34,9 At%) die mittlere freie Weglänge der Leitungselektronen genau dort ein Maximum hat, wo man bei anderen Übergangsmetallegierungen Minima der H- (Ti-Mo, Nb-Mo, Nb-Re, Mo-Re) und O-Löslichkeit (Nb-Mo, Mo-Re, Nb-Ru), der atomaren Suszeptibilität (Ti-Mo, Nb-Mo), des Elektronenterms der spezifischen Wärme (Nb-, Mo-Legierungen) und der Supraleitungs-Sprungtemperatur (Nb-Legierungen) findet.

Die eigenen Untersuchungen gaben auch Hinweise für eine minimale O-Löslichkeit der Ta-Re-Legierung, worauf weiter unten noch eingegangen wird. Die Ergebnisse wurden auf der Grundlage des starren Bändermodells als Effekte von Zustandsdichteminima interpretiert. Man hat ferner u. a. Austauschwechselwirkungen von teillokalisierten d-Zuständen in Legierungen von d-Übergangsmetallen (Widerstandszunahme um den Faktor 2 bis 15!) und spinmagnetische Streueffekte zu beachten /26/.

Wie die Zahlenwerte in Anhang 1 zeigen, ist die maximale Löslichkeit c_{max} gerade in einigen relevanten Elektrodenmetallen außergewöhnlich hoch. Für T = 20 °C werden z. B. folgende Löslichkeiten in ppm angegeben:

Matrix	Dotand					
	O	C	N	H	Si	Fe
Ta	200	70	1000	4000	1000	0
Mo	1	1	1	0,1	1000	10 000
W	1	0,1	0,1		1000(?)	8 000

Hohe c_{max} bedeuten nicht nur höhere spezifische Widerstände der Elektrodenmetalle beim Einbau des Dotanden O, sondern beeinträchtigen beträchtlich die Stabilität der entsprechenden Oxidelektroden durch einen vor allem beim Tantal und Niob bereits recht genau bekannten reaktionsdiffusionsgesteuerten Degradationseffekt (s. Abschn. 2.2.5). Obgleich darüber ausführlich berichtet worden ist (kompaktes Ta /27/, /28/, Ta-Schichten /29/, /30/, /31/), zeigen neuere Veröffentlichungen /32/, daß diesem Phänomen auch weiterhin größte Aufmerksamkeit gilt. Die schematische Zeichnung in Bild 4 zeigt die planare Realstruktur der Oxidelektrode als Folge des Degradationseffektes. Vor der Diffusionsreaktion (ausgezogene Linien) liegen M und M_mO_n vor, danach findet man neben M_mO_n ein M-Oxid mit Sauerstoffdefizit. Der Sauerstoff aus dieser Schicht wurde in das Metall transportiert, wobei sich eine O-haltige amorphe Metallschicht a-M (O) und eine feste O-Lösung im kristallinen Metall (M (O)) entwickelte.

Bild 4:
Planare Oxidelektroden-Heterostruktur vor und nach der Wärmebehandlung

Teile der a-M(O)-Schicht können auch suboxidische Mikrophasen enthalten (Nb /33/, Ta /34/). Anhand von experimentellen Daten in /32/ können die Dickenverhältnisse abgeschätzt werden (kompaktes M, anodisches M_mO_n, Vakuumwärmebehandlung). Bemerkenswert ist die bedeutend höhere Stabilität des $Ta-Ta_2O_5$-Systems:

System	d/nm			Wärmebehandlung	
	M_mO_n	M_mO_{n-x}	a-M(O)	T/°C	t/Std
$Nb-Nb_2O_5$	212	127	57	350	0,5
$Ta-Ta_2O_5$	150	11	4	300	12

Es ist klar, daß diese Heterorealstrukturen im Elektrodenbereich weitreichende Konsequenzen bezogen auf den gesamten Eigenschaftskomplex der Kondensatoren haben (vgl. auch Abschn. 2.2.3 und 2.2.4). Von diesem Standpunkt aus verdient die in /25/ gegebene Elektronenstruktur-Interpretation der Sauerstofflöslichkeit des Tantals Beachtung. Es wird davon ausgegangen, daß der Sauerstoff (ebenso wie Wasserstoff /35/) unter Elektronenabgabe in Lösung geht, womit E_F in Richtung Zustandsdichteminimum verschoben wird. Die Löslichkeitsgrenze ist erreicht, wenn wegen Bandfüllung im Zustandsdichteminimum das Gitter kein Elektron mehr aufnimmt. Da man mit höherwertigen Übergangsmetall-Legierungspartnern eine vergleichbare Bandfüllung erzielt, ist die O-Löslichkeit der Legierung geringer als die des Wirtsgitters. Aus Bild 5 gehen die Dilatation der Gitterkonstante a_{Ta} und des spezifischen elektrischen Widerstandes ϱ_{Ta} des kompakten Tantals hervor, in dem der Sauerstoff Oktaederplätze besetzt. (Der Atomradius des O beträgt 0,068 nm). Der Radius der Oktaederlücke berechnet sich mit $r_{A,\ Ta}$ = 0,143 nm und a_{Ta} = 0,3302 nm zu 0,091 nm). Dünne Ta-Schichten können bedeutend mehr Sauerstoff aufnehmen /36/. In /31/ wurden an aufgedampften Ta-Schichten die Gitterkonstante mit Hilfe der Präzisionselektronenbeugung unter Verwendung des (110)-Reflexes und an strukturierten und kontaktierten Ta-Widerständen auf Quarzglassubstrat der spezifische elektrische Widerstand bestimmt. Die lineare Extrapolation der Meßergebnisse von GEBHARDT und SEGHEZZI (s. in /29/) führte auf die in Tabelle 5 angegebenen O-Konzentrationen. Die höchsten c_O-Beträge kommen c_O = 33 At% für Ta_2O nahe, das als eine der suboxidischen Mikrophasen des Ta bekannt ist /34/. Man hat in diesen Schichten allerdings bei Kristallitabmessungen von 1 bis 10 nm Durchmesser /37/ mit Subbandaufspaltungen zu rechnen, die die Feinstruktur der Zustandsdichtefunktion verändern.

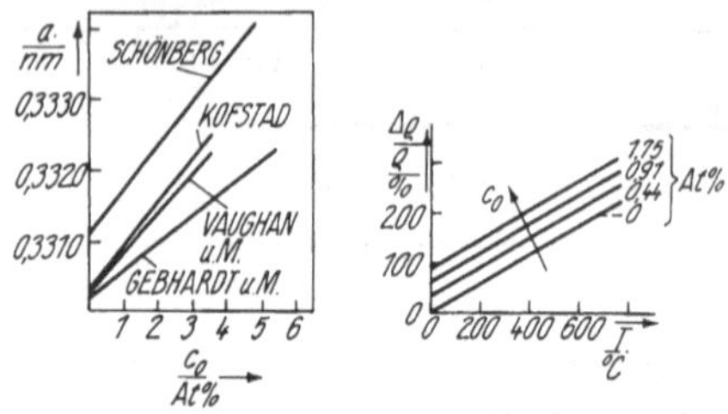

Bild 5:

Gitterkonstante und spezifischer Widerstand von kompaktem Tantal in Abhängigkeit von Temperatur und O-Gehalt (entnommen aus /29/)

Tabelle 5: Abschätzung der O-Konzentration aus der Änderung der Gitterkonstante (einkristallines Substrat) und des spezifischen elektrischen Widerstandes (amorphes Quarzglassubstrat) von Ta-Aufdampfschichten mit der Substrattemperatur T_{Su} als Parameter (entnommen aus /31/)

Einkrist. Substrat:	T_{Su}/°C	a_{110}/nm	c_O/At%	Bemerkung
(100)-NaCl	420	0,335	12	reines Substrat, da Spaltfläche und hohes T_{Su}
(110)-W	920	0,347	28	Existenz einer W-Oxid-Schicht vor Aufbringen des Ta
(100)-NaCl	20	0,350	31	Kurzzeitoxydation der abgelösten Ta-Schicht bei T = 750° bis 1100 °C an Luft

a-Quarzglas:	T_{Su}/°C	$\frac{\Delta\varrho}{\varrho}$/%	c_O/At%
	450	340	9
	400	665	18
	350	1040	28

2.2.2 Band- und Heterostruktur amorpher Oxide

Man hat sich bei der Bewertung der Volumeneigenschaften "amorpher" Oxide, wie sie in der Praxis der Festelektrolytkondensatoren als isolierendes, meistens anodisches Oxiddielektrikum angewendet werden, grundsätzlich von der Vorstellung einer auf der Amorphizität beruhenden Homogenität und Isotropie zu trennen.

Auf einige wesentliche Aspekte dieser Feststellung ist nachfolgend näher einzugehen:

a) Die amorphen Schichten enthalten Nahordnungsbereiche.

Eine fundamentale Erkenntnis für die Bestimmung der Elektronenstruktur der amorphen Phase ist (neben ihrer Abhängigkeit von den effektiven Atompotentialen) der Einfluß der lokalisierten Effekte der Nahordnung, der sich im wesentlichen auf das Vorhandensein relativ stabiler M-O-Bindungspolyeder mit typischen O-Bindungsbrücken zwischen den Polyedern bezieht. Der Kippwinkel der Polyeder hat im Raum einen verhältnismäßig großen Freiheitsgrad, womit die Translationssymmetrie verlorengeht. Den kleinsten für die Elektronenstruktur wesentlichen Bindungskluster bilden M-O-Gruppen. Größere Kluster umfassen alle Atome eines Grundpolyeders (bzw. mehrerer, beim Ta_2O_5 z. B. zweier Grundoktaeder). Um jedoch auch den Einfluß der Polyeder-Kippwinkel zu erfassen, muß man noch größere Kluster einbeziehen, womit der Übergang zu Nahordnungsbereichen erkennbar wird.

b) Es liegt im Oxid eine Nichtstöchiometrie vor.

Der prinzipielle Zusammenhang zwischen Stöchiometrieabweichungen einfacher Oxide und dem resultierenden Halbleitertyp geht aus dem folgenden Schema hervor:

Metalldefizit oder Sauerstoffüberschuß
(p-Halbleiter)

$M_{1-x}O$ Metallionenleerstellen	MO_{1+x} Sauerstoffionen auf Zwischengitterplatz

Löcher als Majoritätsladungsträger

Metallüberschuß oder Sauerstoffdefizit
(n-Halbleiter)

$M_{1+x}O$ Metallionen auf Zwischengitterplatz	MO_{1-x} Sauerstoffionenleerstellen

Elektronen als Majoritätsladungsträger

Das Schema trifft vor allem auf Übergangsmetalloxide zu, bei denen sich die Defektstruktur vorzugsweise nur auf eines der M- bzw. O-Subgitter konzentriert, wobei die relevanten Oxide allerdings meist Bruttoformeln des Typs M_mO_n mit m,n > 1 besitzen. Wesentlich für die Elektronenstruktur ist der breite Homogenitätsbereich, in dem die betreffende defektbehaftete Phase ohne makroskopische Strukturänderung existieren kann. Aus der Literatur sind beispielsweise die Bruttoformeln

$Ta_2O_{4,93\pm0,07}$; $Nb_2O_{4,73\pm0,13}$; $TiO_{1,90\pm0,05}$; $ZrO_{1,83\pm0,17}$; $VO_{1,05\pm0,25}$ bekannt. Die Art und Konzentration der Defekte und damit auch der Leitfähigkeitstyp hängen allerdings stark von der Temperatur und vom Sauerstoffpartialdruck ab, wie aus Bild 6 am Beispiel des kristallinen Ta_2O_5 hervorgeht. Dies

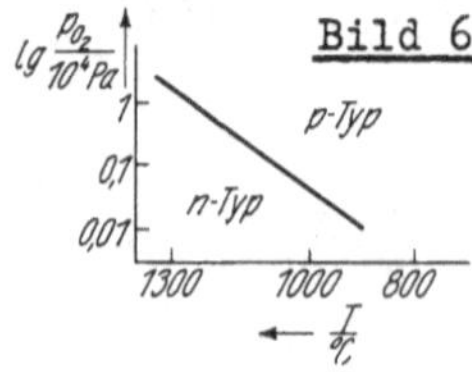

Bild 6: Druck- und temperaturabhängige Inversion von n- zu p-Leitung beim β-Ta_2O_5 (nach /38/)

trifft grundsätzlich auch für die entsprechenden amorphen Phasen zu. Da die in der Kondensatorpraxis angewendeten anodischen Oxydations- und reaktiven Zerstäubungsverfahren extreme Nichtgleichgewichtsprozesse darstellen, liegt in den amorphen Schichten offenbar eine beträchtliche Defektkonzentration vor. Als einen experimentellen Hinweis dafür kann man die kleinere spezifische Dichte ρ_0 des a-Materials im Vergleich zum kristallinen betrachten, wenn auch Effekte der Oxidporosität und der "aufgelockerten" Nahordnungspackung mit zu berücksichtigen sind (s. Werkstoffkennwerte von kristallinen Oxiden im Anhang 2).

Hohe Defektkonzentrationen haben Konsequenzen bezüglich der Elektronenstruktur und der Phasenstabilität:

- Ausbildung von Mikrodomänen durch lokale Defektnahordnung,
- Entstehung von diskreten Mikrophasen anstelle der nichtstöchiometrischen Mutterphase,
- Entwicklung von Stöchiometriegradienten, insbesondere an den Phasenbereichsrändern.

Die Nichtbeachtung dieser Überstrukturen führt zwangsläufig zu Diskrepanzen zwischen Theorie und Experiment. Über die Art und Stabilität von Mikrodomänen und -phasen in amorphen Oxidschichten ist bisher experimentell noch viel zu wenig bekannt.

c) Ungewollter Einbau von Verunreinigungen u.a. (Na^+, H^+, Cl^-, OH^-) und die gezielte Dotierung u.a. mit P-, B-, S-Anionen bzw. der Zusatz von Legierungselementen zum Anodenmetall, die im Oxid als Kationen wirken, beeinflussen die Elektronenstruktur.

Man hat dabei in einem ersten Schritt zu unterscheiden zwischen zusätzlichen Donatoren bzw. Akzeptoren und dem Vorhandensein von Mischphasen, Phasengemischen und (als deren Grenzfall) horizontalen bzw. vertikalen Heterostrukturen (vgl. Bild 7 und Abschn. 2.3). Da die Zustandsdichte amorpher Phasen mit starker Fehlordnung im Bereich der "verbotenen Zone" hoch ist, reagieren die besonders eng an die Elektronenstruktur gebundenen makroskopischen Oxideigenschaften nicht sehr signifikant auf

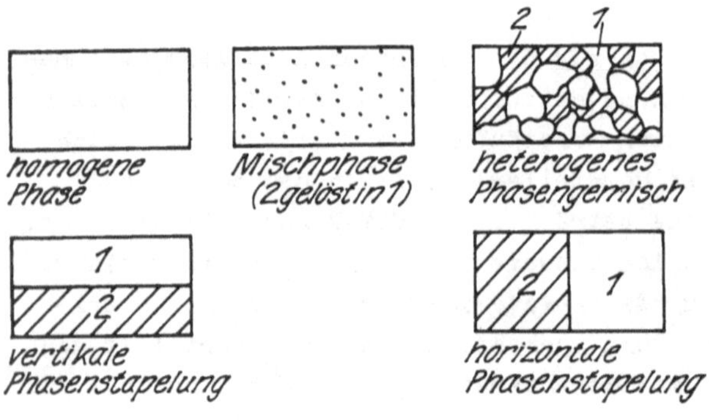

Bild 7: Phasenstrukturen in Dünnschichtoxiden

a) reine homogene Phase

b) Phase mit atomar dispergierten Zusätzen (z.B. Mischoxid)

c) Phasengemisch (statistisch homogen verteilt)

d) anisotropes Phasengemisch (vertikale Heterostruktur)

e) anisotropes Phasengemisch (horizontale Heterostruktur)

die zusätzlichen Fremdionen. Es herrscht offenbar das Prinzip vor, daß die Strukturdefekte in den amorphen Schichten die Zustandsdichte erheblich mehr beeinflussen.

Die Herstellung weitgehend homogener Mischphasenschichten ist ein bisher unzureichend gelöstes technologisches Problem, wenn man von den gebräuchlichen Nichtgleichgewichtsverfahren, insbesondere der anodischen Oxydation ausgeht. Liegt jedoch eine entsprechende Mischkonfiguration vor (z. B. als Mikrophase), so wird die Elektronenstruktur dieses Phasenbereiches durch die effektiven Atompotentiale von <u>allen</u> Mischungspartnern bestimmt. Phasengemische trifft man, sofern überhaupt, in a-Schichten ungeordnet verteilt bzw. - was häufiger durch konkrete Beispiele bekannt und technologisch verständlicher ist - extrem anisotrop z. B. in Form vertikaler planarer Heterostrukturen an. Dies verursacht neben zusätzlichen Grenzflächeneffekten eine stochastische bzw. einachsige Bandstrukturmodulation.

Das Phänomen der planaren Heterostruktur soll am System Ta-P-O (anodische Oxydation) diskutiert werden. Ebenso wie Bor im Al_2O_3, ist Phosphor als Netzwerkbildner und Diffusionsinhibitor in oxidischen Phasen bekannt und hat mit dieser Funktion z. B. in anodischen Tantaloxidschichten von Tantal-Festelektrolytkondensatoren /39/, /40/, /41/, /15/ und bei MOS-FET-Bauelementen mit SiO_2-Gatedielektrika /42/ technische Bedeutung erlangt. Bei anodischer Oxydation des Tantals mit P-haltigen Elektrolyten findet man den Phosphor nicht gleichmäßig verteilt vor. Nach /40/ folgt einem an das Metall angrenzenden P-freien Ta-Oxidbereich eine Schicht, in der der Phosphor als H_3PO_4 oder als $Ta_3(PO_4)_5$ mit verringertem Anteil der Ta-O-Bindung vorliegt. Es schließt sich elektrolytseitig eine dritte Schicht an, die bei infrarotspektroskopischem Nachweis sowohl die Ta-O- wie die P-O-Schwingungsbanden enthält. Die Dikkenverhälnisse lauten in obiger Reihenfolge etwa 5 : 4 : 1. Geht man davon aus, daß dem Autor von /39/ die dritte Schicht bei seinen Untersuchungen entgangen ist, so bestätigt das dort angegebene Dickenverhältnis von 1 : 1 für ein angenommenes Doppelschichtsystem obiges Resultat. Bei Erhaltung des Dickenverhältnisses nimmt der Phosphoreinbau mit steigender Formierspannung, -stromdichte und -elektrolytkonzentration zu und mit steigender Formiertemperatur ab.

d) Amorphe Dielektrika enthalten eine atomare bzw. molekulare Strukturanisotropie.

Es ist eine prinzipielle Eigenschaft des "amorphen Gitters", daß die besetzten Plätze und Potentialbarrieren nicht der identischen Periodizität unterliegen. Aus der Verteilung der Barrierenparameter folgt unmittelbar ein bestimmter Anteil energetisch asymmetrischer Zustände. Für die beweglichen Ladungsträger bedeutet dies unterschiedliche Verweilzeiten, je nachdem, ob die höhere oder niedrigere Aktivierungsenergie in Feldrichtung (bzw. entgegengesetzt) aufzubringen ist. Ein singuläres bzw. kollektives Platzwechselereignis führt zu einer generellen Neuordnung der Umgebung und damit Symmetrieänderung des ursprünglichen Zustandes. Die Wahrscheinlichkeit dafür ist umso größer, je geringer die Aktivierungsenergie für den Platzwechsel in Feldrichtung (bzw. entgegengesetzt) ist; mit anderen Worten ist die Lebensdauer dieses Zustandes kleiner. Das hat im Gleichgewicht eine erhöhte Dichte von Zuständen mit größerer Aktivierungsenergie in Feldrichtung (bzw. entgegengesetzt) zur Folge, womit die Existenz der Asymmetrie als systeminhärente Eigenschaft bewiesen ist. Bei der Interpretation experimenteller Untersuchungsergebnisse (zum anodischen Ta_2O_5 s. beispielsweise in /43/) wird nach Auffassung des Autors jedoch nicht in ausreichendem Maß der Einfluß ungeordneter und vor allem der unter c) besprochenen geordneten Heterostrukturen berücksichtigt.

e) Mechanische Spannungsgradienten durch anisotropen Verunreinigungs- und Defekteinbau bzw. Fehlpassung an den Grenzflächen verursachen Strukturgradienten im amorphen Dielektrikum.

Während die Bandstruktur kristalliner Phasen sehr empfindlich auf geringste spannungsbedingte Atomtranslationen reagieren kann, muß dies für die amorphe Phase aus den unter a) genannten Gründen nicht zutreffen, sofern die Spannungen die Stabilität der Grundpolyeder nicht beeinträchtigen. Gezielte Untersuchungen zu dieser Korrelation bei amorphen anodischen Oxidschichten sind in der Literatur nicht bekannt. Daß die inneren Spannungen mit makroskopisch sichtbaren Druck- und Zugeffekten existieren, konnte jedoch in /44/ (Al, Nb, Ta, Ti, W, Zr), /45/ (Al), /46/ (Ti), /47/ (Zr) für anodische Oxidschichten gezeigt werden.

f) Amorphe anodische Oxidschichten enthalten stets einen endlichen kristallinen Phasenanteil. Zumindest lokalisiert an Mikrodefekten finden spontane Umwandlungen in die thermodynamisch stabilere kristalline Phase statt.

Es sind folgende Faktoren bekannt, die die Kristallisationsneigung fördern: hohe Formiertemperaturen (Ti, Al, Nb, Ta), bestimmte Elektrolyte (Be), hohe Formierspannungen bzw. große Formierzeiten (Al, Nb, Ti, Ta). In Klammern sind typische Vertreter von Ventilmetallelektroden angegeben. Für die Systeme Ta/Ta_2O_5 und Nb/Nb_2O_5 ergibt sich bei vergleichbaren Formierbedingungen ein abgeschätztes Verhältnis der kristallinen Flächenanteile von 1 : 100, wobei die Tantaloxidelektrode im allgemeinen weniger als 1 ppm des Gesamtflächenanteils kristallines Oxid enthält. Bild 8a zeigt anhand einer rasterelektronenmikroskopischen (REM-)Aufnahme, daß dieser Flächenanteil lokal wesentlich höher sein kann.

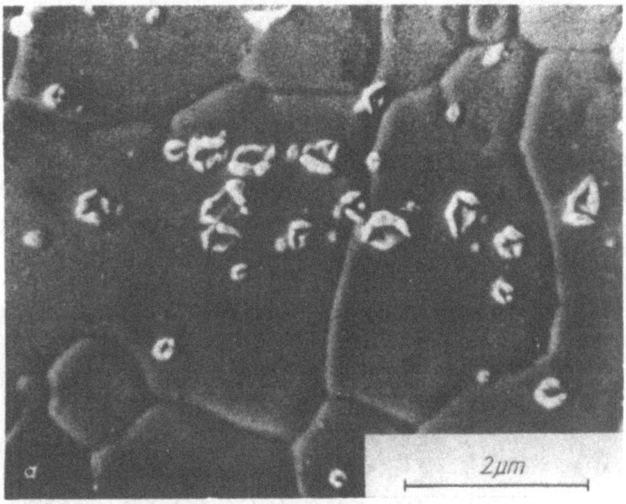

Bild 8a: Defektdekoration in einer Ta-Oxidelektrode durch kristallines Ta-Oxid (REM-Aufnahme am Anodendraht)

Entgegen Angaben in der Literatur konnte der Autor mit Hilfe der Elektronenbeugung im streifenden Strahlengang feststellen, daß neben β-Ta_2O_5 auch die kristalline Hochtemperaturmodifikation α-Ta_2O_5 darin vorkommt. Man hat in anderen M -O-Systemen nachgewiesen: γ'-Al_2O_3 /48/, γ-Nb_2O_5 /32/, TiO_2 (Rutil, Anatas, Brookit) /49/. Die anodischen Oxide V_2O_5, MoO_3, WO_3, UO_2, ZrO_2, HfO_2, BeO, ZnO, WO_2, MoO_2 neigen nach /50/ zunehmend in dieser Reihenfolge zur Kristallisation. Defekte der Oxidelektroden werden ebenso wie beim Ta-O-System fast immer in dieser Form dekoriert, wobei die Keimbildung der kristallinen Phase sehr wahrscheinlich durch thermisch assistierte Feldkristallisation erfolgt /51/. Gerade diese Bindung an Defekte erschwert die experimentelle Separation der Eigenschaftsbeiträge des amorphen und des kristallinen Anteils im Oxid. Man darf aber davon ausgehen, daß bestimmte kristalline Phasen aufgrund ihrer höheren Stabilität im Vergleich zum amorphen Zustand prinzipiell besser als Kondensatordielektrikum geeignet sind, sofern es gelingt, Korngrenzen zu eliminieren. Dazu fehlen aber gegenwärtig noch die anwendungstechnische Motivation und die technologischen Voraussetzungen bei Kondensatoren mit gewickelten bzw. räumlich vernetzten Oxidelektroden. Die REM-Aufnahme in Bild 8b veranschaulicht die polykristalline Struktur eines kornstabilisierten Ta-Anodendrahtes, dessen Korngrenzennetzwerk im Hochvakuum bei T = 1950 °C, t = 30 min thermisch angeätzt worden ist. Diese Oberflächenmorphologie reproduziert sich bei anodischer Oxydation selbst bei größeren Oxiddicken (vgl. Bild 8a).

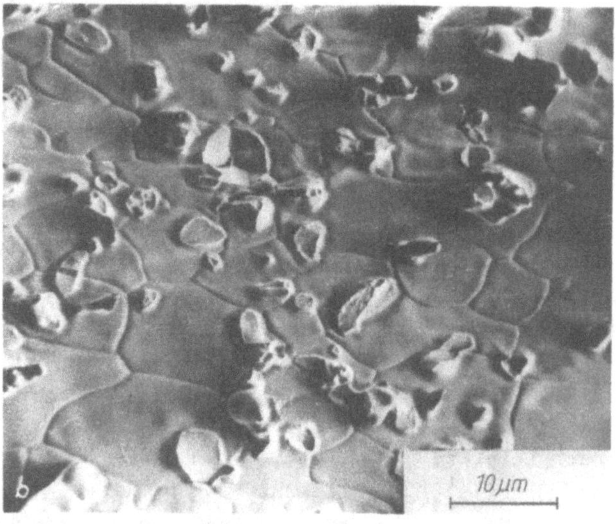

Bild 8b: Oberflächentopologie des Anodendrahtes einer Ta-Sinterelektrode mit thermischen Ätz- und mechanischen Bruchstrukturen im Bereich der Brücken innerhalb des Sintergerüstes (Bruchflächen-REM-Aufnahme)

g) Dünne Oxidschichten sind porös.

Die Porosität wächst bei zunehmenden Porenabmessungen im Durchmesserbereich von 0,3 bis 50 nm mit steigender Schichtdicke /52/ (Al_2O_3), /32/ (Nb_2O_5, Ta_2O_5). Im allgemeinen entwickeln sich die Poren nach Ausbildung einer dünnen substratseitigen Sperrschicht und bleiben nach der anderen Seite zu offen. Die Schichtporosität hat z. B. gravierenden Einfluß auf die elektrischen und dielektrischen Oxideigenschaften (vgl. Abschn. 2.2.4 und 2.3).

Exakte Elektronenstrukturberechnungen von amorphen Oxiden mit gemischtem Bindungstyp (kovalent/ionisch, s. Anhang 2) sind in der Literatur äußerst spärlich zu finden. Die Problematik soll anhand von Arbeiten der Autoren YIP und FOWLER /52/ zum SiO_2 vor Augen geführt werden. Es wurde von einer LCLO-MO (linear combination of localized orbitals)-(molecular orbital)-Berechnung von Si,O-Klustern zunehmender Größe (Si_2O, SiO_4, Si_5O_4, Si_8O_7) ausgegangen. Die wichtigsten Voraussetzungen lauten:

1. Die Nahordnung ist das bestimmende Element (Verwendung der α-Quarz-Kristallstruktur).
2. Für kristalline Umgebung berechnete lokalisierte Orbitale sind eine bessere Näherungsbasis als Atomorbitale vom SLATER-Typ.
3. Anwendung berechneter (anstelle abgeschätzter) Matrixelemente des FOCK-Operators.
4. Start der Berechnung mit der Ladungskonfiguration Si^{++} $(O^-)_2$, die zwischen den Grenzfällen ionisch/kavalent liegt.
5. Absicherung eines bestimmten Selbstkonsistenzgrades durch abschließende Berücksichtigung der Restladungen von Si und O mit Hilfe der MULLIKEN-Analyse /53/.
6. Vergleich der MO-Strukturen der verschiedenen Kluster mit experimentellen Spektren.

Im Ergebnis der sehr aufwendigen Rechnungen wurde eine gute Übereinstimmung der Valenzbandstruktur mit dem Experiment gefunden, wie aus Bild 9 für den Si_2O_7-Kluster hervorgeht. Die Strukturen des Leitungsbandes und der "verbotenen Zone" wurden jedoch nicht zufriedenstellend reproduziert, was u.a. auf zu kleine Kluster und Vernachlässigung der Si-2d-Orbitale zurückgeführt wird.
Bei Übergangsmetalloxiden müssen die d-Zustände auf jeden Fall Berücksichtigung finden, womit sich der Rechenaufwand bedeutend erhöht. Wichtig ist jedoch auch hier die Klusterstruktur.

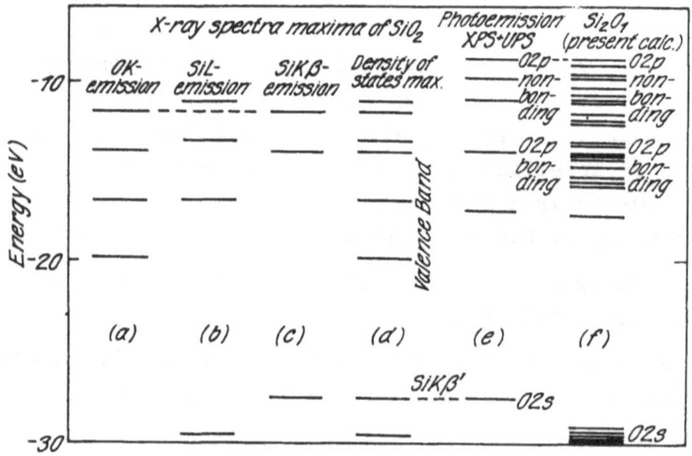

Bild 9: Vergleich experimenteller und theoretischer Strukturen des Valenzbandes von SiO_2 (entnommen aus /52/)

Bei näherer Betrachtung erkennt man in Bild 10a, das das Modell eines orthorhombischen β-Ta_2O_5-Einkristalls zeigt /29/, /37/, eine binär-oktaedrische Grundstruktur beim Tantaloxid, woraus die möglichen Klusterstrukturen des Ta_2O_5 abzuleiten sind. Im Bild 10a wird ein Ta_3O_6-Kluster hervorgehoben (identisch mit einem Grundoktaeder). Zum Vergleich veranschaulicht Bild 10b den tetraedrisch begründeten Si_2O_7-Kluster des SiO_2. Die oktaedrische Koordination im quasi-kompakten O-Subgitter ist nach /54/ für Kationenradien im Bereich von 0,054 bis

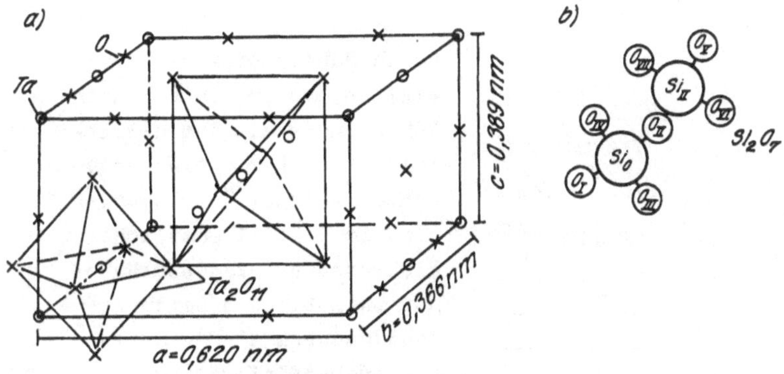

Bild 10: a) Elementarzelle des β-Ta_2O_5 mit den zwei Strukturoktaedern und dem Ta_3O_6-Kluster
b) Si_2O_7-Kluster (schematisch) des SiO_2

0,097 nm möglich. Hierunter fallen nach Anlage 1 zahlreiche der betrachteten Oxide. Abweichend von den Atomkernlagen im kristallinen Ta-Oxid gibt man den Radius ab der 1. Koordinationssphäre des Ta (und des Nb) für das amorphe anodische Oxid zu 0,197 bis 0,198 nm an /55/, was merklich kleiner als die Summe der Ionenradien von Ta^{5+} (bzw. Nb^{5+}) und O^{2-} ist (vgl. Anhang 1) und als Beweis für den hohen kovalenten Bindungsanteil angesehen wird. Zum Ta_2O_5 sind Bandstrukturberechnungen nicht bekannt. Es sei daher das im Bild 11 aus zahlreichen experimentellen Daten - die der Literatur bzw. eigenen Arbeiten entnommen worden sind - konstruierte Schema zur Diskussion gestellt. In Tabelle 6 sind hierzu die wichtigsten Angaben (Bereiche der Aktivierungsenergien ΔE_{Akt}, der Piks der relativen Fotostromausbeute η_{rel}, der Strahlungsabsorption und der Meßtemperatur T_M) in Relation zum technologischen Strukturzustand der Oxidelektroden zu finden. Die Bezeichnungen der Bänder wurden der jeweiligen Originalliteratur entlehnt. Es bedeuten: χ_0 Elektronenaffinität, E_p Photonenenergie, n Brechungsindex, k Absorptionsindex. χ_0 wird in /68/ mit 1,2 eV angegeben. Nach Bild 6 wäre Tantaloxid unter allen Meßbedingungen gemäß Tabelle 6 als p-Leiter aufzufassen. Außer in /38/ wurde jedoch der Leitungstyp nicht bestimmt. Man hat andererseits bei Zuordnung der Störstellenzustände zu einer durch Sauerstoffionenleerstellen bestimmten atomaren Fehlordnung mit dem n-Halbleitertyp zu rechnen. Ungeachtet solcher Überlegungen sind im Bild 11 sämtliche diskreten und Bandzustände nur zwischen dem Leitungsband und dem tiefen Störstellenband eingetragen worden.

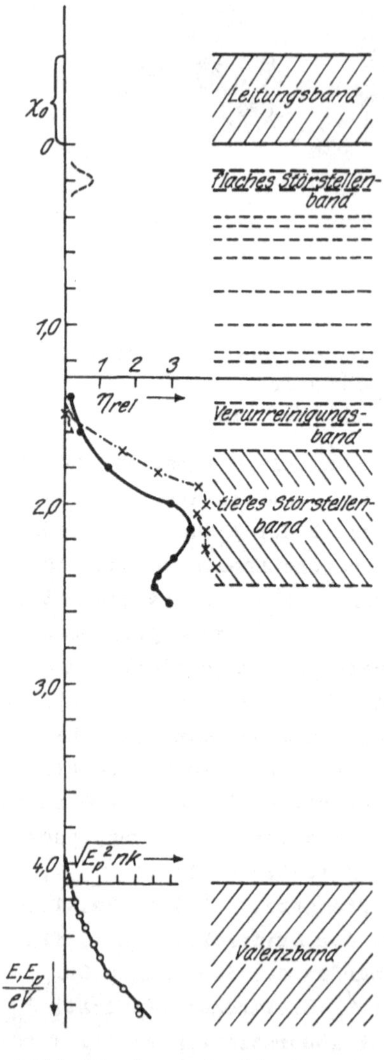

Bild 11: Bandstrukturkonstruktion des Ta_2O_5

Tabelle 6a: Experimentelle Aktivierungsenergien der elektrischen Leitfähigkeit

technologischer Zustand: Ta-Oxid	technologischer Zustand: Ta-Elektrode	ΔE_{Akt}/eV	T_M/°C	Bemerkung	Lit.
kristallines β-Ta_2O_5	-	0,61	450...700	Messung an Luft	/38/
	-	1,74	800		
anodisch (amorph)	kompakt	0,4...1,0	-60...800	"	/56/
"	"	0,44...0,63	20	"	/57/, /27/
"	"	0,47...0,48	25...85	" (mit MnO_2-Katode)	/58/
"	"	0,55...0,65	25	"	/55/
"	aufgestäubt	1,15	80...120	Messung an Luft	/59/
		0,40	80		
		0,20; 0,53; 0,82		"	/60/
reaktiv aufgestäubt (amorph)	-	0,25±0,04	-50...130	"	/61/
"	-	0,66	20...100	"	/62/
thermisch (amorph)	aufgedampft	0,20±0,05	20...200	Messung in Luft und im Hochvakuum	/29/
		0,87±0,13	250...350		

Tabelle 6b: Experimentelle Energiebereiche hoher Fotostromausbeute bzw. starker Strahlungsabsorption

technologischer Zustand		Energiebereiche/eV		Lit.
Ta-Oxid (amorph)	Ta-Elektrode	Fotostromausbeute	Strahlungsabsorption	
anodisch (80 bis 520 nm dick)	aufgestäubt (ß-Ta)	1,5 ... 2,1 (Max. bei 1,9)	-	/63/
anodisch (ca. 8nm dick)	aufgestäubt (ß-Ta)	1,6	-	/64/
anodisch (80 nm)	aufgestäubt	1,45...1,55 (Max.bei 1,5) 1,6 ... 2,5 (Max.bei 2,1) 2,8	-	/65/
reaktiv aufgestäubt	-	-	4,1 (ab 4,51 zweite Absorptionskante)	/66/
CVD aus $TaCl_5$-CO_2-H_2 (feinkörnig)	(Si- bzw. SiO_2-Substrat)	-	4,2	/67/

2.2.3 Bandstruktur und Eigenschaften halbleitender Festelektrolyte

Der Festelektrolyt-Katodenbelag muß eine große Fläche des Dielektrikums geschlossen bedecken und zugleich eine hohe elektrische Leitfähigkeit haben, damit eine hohe Kapazitätsdichte und ein niedriger Serienwiderstand resultieren. Die entsprechenden Parameter des praktischen Systems werden durch die Festelektrolytschicht erfahrungsgemäß in weiten Grenzen bestimmt (vgl. Abschn. 2.3). Die Polarisations- und Isolationseigenschaften der Kondensatorstruktur sollen dagegen maßgeblich durch das Dielektrikum determiniert sein. Die Katodenelektrode soll daher möglichst keinen sperrenden Kontakt geben. Schwachstellen sind unvermeidlicher Bestandteil der Struktur. Dies erfordert die Realisierung des Selbstheileffektes bei Aktivierung von Defekten im Betriebszustand bzw. deren Ausheilbarkeit bei bestimmten Bearbeitungsstufen (Zwischenformierung, Nachformierung, Voralterung) im Herstellungsprozeß des Bauelementes. Bei Kondensatoren sind im allgemeinen geringe Koeffizienten der elektrischen Funktionsparameter bezogen auf äußere Betriebsparameter wie Frequenz f, Temperatur T, überlagerte Gleichspannung U^- sowie Partialdrucke gasförmiger Komponenten der atmosphärischen Umgebung erwünscht. Dies stellt auch ganz bestimmte limitierende Anforderungen an das Katodenmaterial (Rauhigkeit, Porosität, Realstruktur, Fehlordnung, Dotanden). Schließlich muß der Halbleiter mit den Kontaktiermaterialien eine OHMsche Kontaktverbindung zulassen. In diesem Sinne und darüber hinaus hat das Katodenmaterial des äußeren, das Kondensatorelement umhüllenden Belages eine gewisse mechanische Schutzfunktion zu erfüllen (Dicke, durchgehende Poren, Haftfestigkeit).

Die lichtmikroskopische (LM) und die REM-Aufnahmen an Schliff- bzw. Bruchflächen MnO_2-beschichteter Ta-Oxidelektroden im Bild 12 sollen einen anschaulichen Eindruck von der realen Struktur des inneren MnO_2-Katodenbelages vermitteln. Festelektrolyte für Kondensatoren müssen ein bestimmtes optimales Verhältnis der Ionen- ($\varkappa_{H,ion}$) und elektronischen Leitfähigkeit

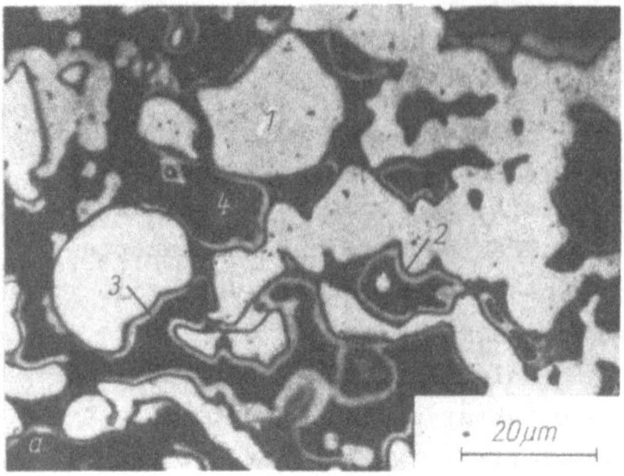

a) Metallografisches Schliffbild (LM-Aufnahme)

b) Bruchflächentopologie (REM-Aufnahme)

c) Oberflächentopologie des MnO_2-Belages in den Poren der Oxidelektrode (REM-Aufnahme)

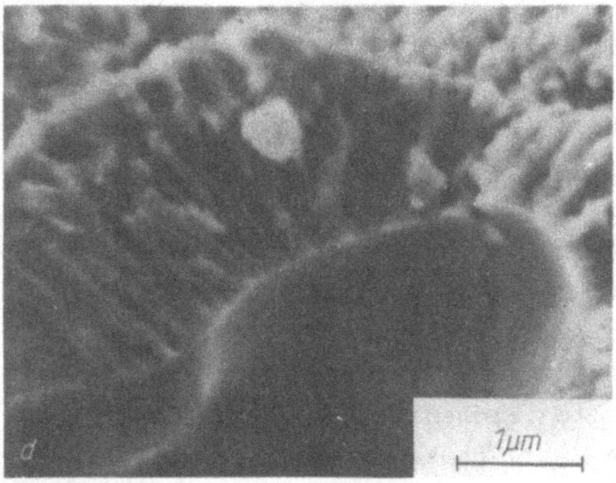

d) Querbruchgefüge (vertikale Kornvergröberung!) des MnO_2-Belages (REM-Aufnahme)

Bild 12: LM- und REM-Aufnahmen von Ta-Ta_2O_5-MnO_2-Strukturen in FE-Kondensatoren mit poröser Ta-Sinteranode (1 Ta, 2 Ta_2O_5, 3 MnO_2, 4 Pore)

($\varkappa_{H,el}$) haben. Am besten geeignet sind bestimmte oxidische, halbleitende Festelektrolyte, die sich zur Gewährleistung des Selbstheileffektes als Sauerstoffspender eignen und bei denen $\varkappa_{H,ion}$ im wesentlichen durch Sauerstoffionen bzw. -leerstellen bestimmt wird, wodurch eine Abhängigkeit vom Sauerstoffpartialdruck p_{O_2} auftritt. Sie sollen nachfolgend anhand typischer Beispiele mit anderen Ionenleitern verglichen werden /69/, /70/, /71/, /72/:

Material	Typ	$\varkappa_{H,ion} / \Omega^{-1}cm^{-1}$
PbO_2	Anionenleiter	10 (25 °C)
β-MnO_2	Anionenleiter	1 (25 °C)
ZrO_2 + 9 % Y_2O_3	Anionenleiter	0,12 (1000 °C)
$(Bi_2O_3)_{0,8}(SrO)_{0,2}$	Anionenleiter	6 10^{-3}(500 °C)
KHF_2	Wasserstoffleiter	10^{-7}(196 °C)
Na_2O β-Al_2O_3	Alkalileiter	3,3 10^{-2} (25 °C)
$RbAg_4J_5$	Kationenleiter	0,12 (20 °C)

Bei einer Reihe von oxidischen Ionenleitern wurde anhand anodischer Fotostromuntersuchungen der im Bild 13 dargestellte Zusammenhang zwischen Bandabstand und Flachbandspannung gefunden. Die entsprechenden Werte des β-MnO_2 fügen sich entsprechend Bandstrukturangaben in Tabelle 9 in die dargestellte Kurve ein.

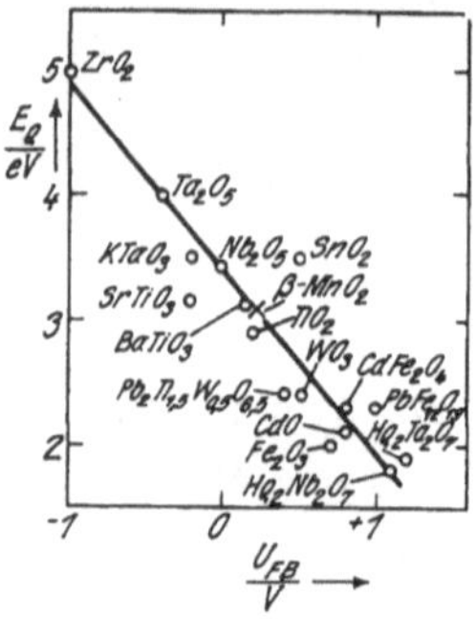

Bild 13:
Bandabstand und Flachbandspannung (U_{FB}) oxidischer Ionenleiter

β-MnO_2 enthält nach /74/ im Energiediagramm ein Donatorniveau E_{dMn} nahe der unteren Kante E_{CMn} des Leitungsbandes. Bei Messungen an wärmebehandelten Proben im Hochvakuum tritt keine Bandverbiegung auf. Erst bei Belüftung entwickelt sich infolge Wasserdampfadsorption an der Halbleiteroberfläche eine Grenzschicht der Dicke λ_{oMn}, wobei die Austrittsarbeit von ϕ'_{Mn} auf ϕ_{Mn} zunimmt (vgl. Tabelle 7 und Bild 24a).

Bei eigenen experimentellen Untersuchungen wurden niedrigere Aktivierungsenergien der elektrischen Leitfähigkeit am pyrolytischen Manganoxid (n-Typ) als in /74/ erhalten (vgl. Tabelle 7)

Tabelle 9: Bandstrukturparameter von β-MnO_2 (pyrolytisch): Messung an Luft/im Hochvakuum nach Wärmebehandlung /74/

Parameter	Betrag/eV	
	Luft	Hochvakuum
Bandabstand (E_{gMn})	3,1	3,1
$E_{CMn} - E_{FMn}$	0,09	0,09
$\Delta E_{Mn} = E_{CMn} - E_{dMn}$	0,2	0,2
Austrittsarbeit (ϕ_{Mn})	5,57	5,38
Elektronenaffinität (χ_{Mn})	5,29	5,29
Oberflächenpotentialdifferenz	0,19	0

Sie sind in Tabelle 8 weiteren Literaturangaben gegenübergestellt. Es werden mit Ausnahme der Pulverpreßlinge (Position 1) durchweg Proben verglichen, die durch Pyrolyse von wässrigem Mangannitrat hergestellt worden sind. Die technologische Variabilität betrifft ferner kompakte, durch Schleifen bearbeitete Proben sowie ebene Schichtanordnungen der Dicke d_{Mn} und räumliche Schichtstrukturen, die durch mehrere Imprägnier- Pyrolyse-Zyklen k im Kapillarraum zwischen zwei Glasplatten bzw. im Porensystem anodisch oxydierter prismatischer Tantalsinterkörper eingebracht worden sind. An den Proben wurden Messungen des elektrischen Widerstandes R_{Mn} bzw. HALL-Messungen nach dem van-der-POW-Verfahren vorgenommen (Bestimmung von μ_e und n_e). Wie die Skizze in Spalte 2 der Tabelle 8 angibt, erfolgte die Bestimmung des spezifischen Widerstandes ϱ_{Mn} an den ebenen Schichtproben (nach Entfernen der oberen Glasplatte) nach dem Vierspitzenverfahren. Als Berechnungsgrundlage für ϱ_{Mn} diente die in Abschnitt 3 abgeleitete Näherungsbeziehung für f_{krit} (s. auch Abschn. 3.3):

$$\varrho_H = \frac{2}{3H^2 c_0 \; f_{krit}} \tag{1}$$

Die ϱ_{Mn}-Werte für MnO_2-Pulver sind für die Bauelementeanwendung indiskutabel. Wesentlich niedrigere ϱ_{Mn} erhält man an pyrolytischen Kompaktproben, die unter Gleichgewichtsbedingungen hergestellt werden /76/. Die praktischen ϱ_{Mn}-Beträge liegen dagegen bei 0,1 bis 10 Ωcm. Dies ist auf Unterschiede von ΔE_{Mn}, μ_e und n_e zurückzuführen. Auffallend niedrig ist ΔE_{Mn} bei pyrolytischen Manganoxidschichten, wie aus Bild 14 für zwei verschiedene Pyrolysetemperaturen T_p hervorgeht.

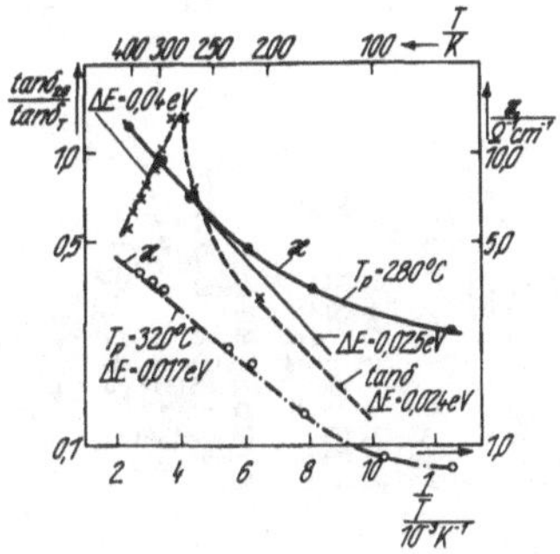

Bild 14:
Zur Bestimmung der Aktivierungsenergien von ϱ_{Mn} und tan δ_S

Tabelle 8: Elektronische Eigenschaften von Manganoxid in Abhängigkeit von der Herstellungstechnologie (Vergleich von Literaturangaben mit eigenen experimentellen Ergebnissen, entnommen aus /75/): 1) Konzentration des verwendeten Mangannitrates, Pyrolysetemperatur

Herstellung	Messung	$\varrho_{Mn}/\Omega cm$	$\Delta E_{Mn}/eV$	$\mu_e/cm^2V^{-1}s^{-1}$	n_e/cm^{-3}
Literaturangaben:					
ß-MnO_2-Pulver, verpreßt		10-1000	0,1-0,3		
Pyrolyse (50 %, 250 °C)[1)]			0,1-0,2	1,2	4,9 10^{19}
Pyrolyse (50 %, 250 °C)		0,14-1,6	0,02-0,1		
Pyrolyse (50 %, 250 °C)		0,026		2,6	3,7 10^{19}
Eigene exp. Untersuchungen:					
Pyrolyse (50%, 240-320 °C)		0,52-0,22	0,015-0,022	0,24-0,44	(1,3-0,96) 10^{20}
Pyrolyse (50 %, 280 °C, d_{Mn} = 7,2-1,7 µm)		2,3-4,9			
Pyrolyse (33 %, 280 °C, k = 1)			0,1		
Pyrolyse (k_1 x33%, k_2 x80%, k_1=5, k_2=1, 280 °C)	tan δ_S am Bauelement		0,017-0,04		
"	f_{krit} am Bauelement	1 - 10			

Die Kompaktproben wurden durch thermische Zersetzung von 80 %igem wässrigen, mehrmals in ein Porzellanschiffchen eingetragenen Mangannitrat erhalten. Die quaderförmige Struktur wurde durch Schleifen des Pyrolyserückstandes fixiert. Bei niedrigen Temperaturen wird der Serienverlustfaktor tan δ_S der Kondensatoren durch den Serienwiderstand der Manganoxidschicht bestimmt. Man erhält daher aus der T-Abhängigkeit von tan δ_S ebenfalls eine Aktivierungsenergie, die der elektrischen Leitfähigkeit der im Porensystem befindlichen inneren MnO_2-Schicht zuzusprechen ist (vgl. Abschn. 3.3). Die erhaltenen Meßwerte für unterschiedliche Bauelementetypen lagen in dem in Zeile 8 von Tabelle 8 eingetragenen Bereich. Um die innere Schicht direkt zu erfassen, eignet sich das in der 7. Zeile schematisch angedeutete Verfahren. Es werden prismatische Oxidelektroden der gewünschten Anzahl von Pyrolysezyklen unterworfen. Anschließend kontaktiert man zwei gegenüberliegende Stirnflächen. Damit erhält man eine für die Bestimmung eines "effektiven" ϱ_H geeignete Geometrie, wobei gilt

$$\varrho_{H,eff} = R_H \frac{A_{eff}}{l} \qquad (2)$$

R_H ist der Widerstand des Festelektrolyt-Skelettes zwischen den Stirnflächen mit dem Abstand l. Der effektiv wirksame Skelettquerschnitt A_{eff} läßt sich experimentell z. B. anhand metallografischer Querschliffsequenzen (Schliffebene parallel zur Stirnflächenkontaktierebene) bestimmen, aus denen man den FE-Flächenanteil als Mittelwert bzw. seine Verteilungsfunktion entnimmt.

Der in das räumlich vernetzte Porensystem der Oxidelektrode eingebrachte Halbleiter-Festelektrolyt Manganoxid zeigt eine Reihe von prinzipiellen Besonderheiten. Man hat bei der Beurteilung des komplexen Beschichtungs-Mechanismus im und am porösen Festkörper, bei dem verdünntes Mangannitrat in die feste Halbleiterschicht umgewandelt wird, folgende Grundphänomene zu unterscheiden:

a) Lösungsmittelabführung, b) Flüssigkeitsumlagerung, c) Umladung des Mangans, d) Zersetzung des Nitrations, e) Phasenneu-

bildung und -umwandlung, f) Grenzflächenreaktionen.
Den Umsetzungsprozeß beschreibt formal ein Bruttogleichungssystem (m_i, n_i ganze Zahlen, x_i gebrochene kleine Zahlen):

$$Mn(NO_3)_2 \cdot m_1H_2O(fl) + n_1H_2O(fl) \rightarrow Mn(NO_3)_2 \cdot m_1H_2O(fl) + (n_1-n_2)\ H_2O(fl) + n_2H_2O(g) \quad (3)$$

$$Mn(NO_3)_2 \cdot m_1H_2O(fl) \rightarrow Mn(NO_3)_2(m_1-m_2)H_2O(fl) + m_2H_2O(g) \quad (4)$$

$$Mn(NO_3)_2\ (f) \rightarrow MnONO_3(f) + NO_2(g) \quad (5)$$

$$MnONO_3\ (f) \rightarrow MnO_{2-x_1}(f) + NO_2(g) + \frac{x_1}{2}\ O_2(g) \quad (6)$$

$$2NO_2(g) \rightarrow 2NO(g) + O_2(g) \quad (7)$$

$$\left.\begin{array}{l} H_2O(fl) + 2NO_2(g) \rightarrow HNO_3(fl) + HNO_2(fl) \\ 3HNO_2(fl) \rightarrow HNO_3(fl) + 2NO(g) + H_2O(fl) \end{array}\right\} \quad (8)$$

$$MnO_{2-x_1}(f) + \frac{x_2}{2}O_2(g) \rightarrow MnO_{2-x_1+x_2}(f) \quad (9)$$

$$MnO_{2-x_1}(f) + (2-x_1)H_2O(g) \rightarrow Mn(OH)_{4-2x_1}(f) \quad (10)$$

$$2MnO_2(f) \xrightarrow{T \gtrsim 400^oC} Mn_2O_3(f) + \frac{1}{2}O_2(g) \quad (11)$$

$$3Mn_2O_3(f) \xrightarrow{T \gtrsim 700^oC} 2Mn_3O_4(f) + \frac{1}{2}O_2(g) \quad (12)$$

Das Lösungsmittel H_2O verdampft gemäß (3), während das Kristallwasser in den Stufen bis $m_1-m_2 = 0$ nach (4) abgegeben wird. Es entstehen glasartige intermediäre Oxinitrate (vgl. (5)). Die dreiwertige Manganstufe wird fast unmerklich durchlaufen (s. Bild 15), bevor der vierwertige MnO_2-Zustand entsprechend (6) erreicht ist. In dieser Umladungsphase, während der das Nitratanion NO_3^- zersetzt wird, entstehen die gasförmigen Stickoxide gemäß (5) bis (7), die im Lösungsgleichgewicht (8) mit Wasser stehen. Das feste Manganoxid ist nicht stöchiometrisch aufgebaut (vgl. (6), (9), (10)). Es gilt $1{,}85 \lesssim x_1 \lesssim 2{,}00$ /77/. Die Sauerstoffleerstellen stehen nach (9) in Wechselwirkung mit gasförmigem Sauerstoff. (10) beschreibt eine mögliche Grenzflächenreaktion, wonach am Manganoxid hydroxid-

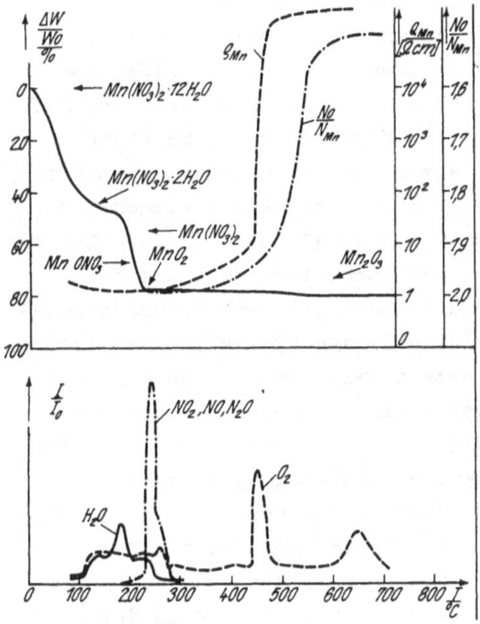

Bild 15:

Relativer Gewichtsverlust $\Delta W/W_o$ von wässrigem Mangannitrat in feuchter O_2-Atmosphäre

ϱ_{Mn}: spezifischer elektrischer Widerstand von Mangannitrat bzw. Manganoxid bei der Pyrolyse

$\frac{N_O}{N_{Mn}}$: stöchiometrisches Verhältnis von Sauerstoff und Mangan in Manganoxiden bei der thermischen Zersetzung

$\frac{I}{I_o}$: Spektralraten der Reaktionsgase bei Pyrolyse von Mangannitrat im Vakuum in Abhängigkeit von der Temperatur

artige Phasengrenzprodukte entstehen. Bei höheren Temperaturen ist das vierwertige Manganoxid instabil. Es entstehen niederwertige, elektrisch isolierende Oxide (s.(11),(12) u. Bild 15). Aus der Literatur ist folgendes Transformationsschema bekannt:

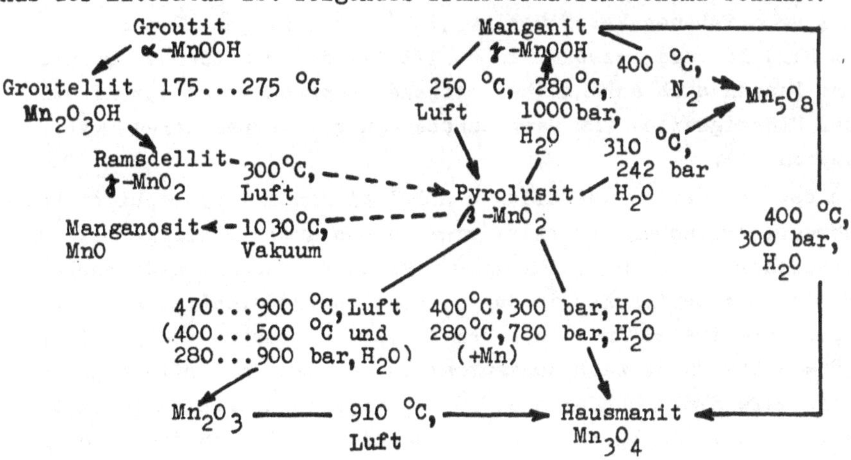

Die nach Literaturangaben zusammengestellten Diagramme in Bild 15 stellen die Resultate thermischer Analysen der vorkommenden Gas-, Flüssig- und Festphasen sowie des spezifischen elektrischen Widerstandes ϱ_{Mn} des Mangannitrates bzw. der Manganoxide und das stöchiometrische Verhältnis von Sauerstoff (N_O) und Mangan (N_{Mn}) im Festkörper in einem breiten Temperaturbereich einander gegenüber. Im Massenspektrum werden die einzelnen Piks der bei der Reaktion gemäß (3), (4) und (11) frei werdenden Gase gut aufgelöst. Sie korrelieren mit dem Thermogramm im oberen Teilbild, wonach bestimmte m-Abstufungen entsprechend (3), (4) und Phasenumwandlungen gemäß (11) auftreten. Eine enge Wechselbeziehung besteht zwischen ϱ_{Mn} und dem stöchiometrischen Verhältnis. Der schroffe Phasenübergang vom halbleitenden MnO_{2-x} zum Isolator Mn_2O_3 bei $x \geq 0,1$ legt eine obere Herstellungs- bzw. Anwendungstemperaturgrenze von 400° bis 450 °C fest. Um die komplizierten Vorgänge der Schichtbildung einigermaßen überschauen zu können, muß man die Mikro- und Makrostrukturen der flüssigen bzw. quasiflüssigen Komponenten (etwa nach (3) bis (5)) in den Poren bzw. in und an der porösen Oxidelektrode während der Imprägnierung, nach Entfernen des imprägnierten Körpers aus dem Bad sowie nach Erwärmung auf die Pyrolysetemperatur unter Beachtung hydrophober Domänen sowie des mit Gasen gefüllten bzw. der gemäß der kapillaren Hysteresis verbliebenen Restflüssigkeit berücksichtigen. Die Skizzen im Bild 16 veranschaulichen qualitativ den praktischen Befund und lassen sich anhand theoretischer Betrachtungen zur Kinetik der Flüssigkeits- und Gasblasenbewegung interpretieren (vgl. Abschn. 4).

In der Bauelementetechnologie arbeitet man mit hydrophilen Festkörperoberflächen. Es existieren jedoch auch zufällige bzw. systeminhärente hydrophobierende Effekte, weshalb hydrophobe Festkörperoberflächen in den Schemata berücksichtigt sind. Insbesondere treten im Ablauf der k Imprägnierungs-Pyrolyse Zyklen (k = 3 bis 30 je nach Konzentration der Imprägnierflüssigkeiten) temporäre Hydrophobierungen durch das abgelagerte Manganoxid selbst auf. (In Bild 16 ist zu beachten, daß sich die Flächen-

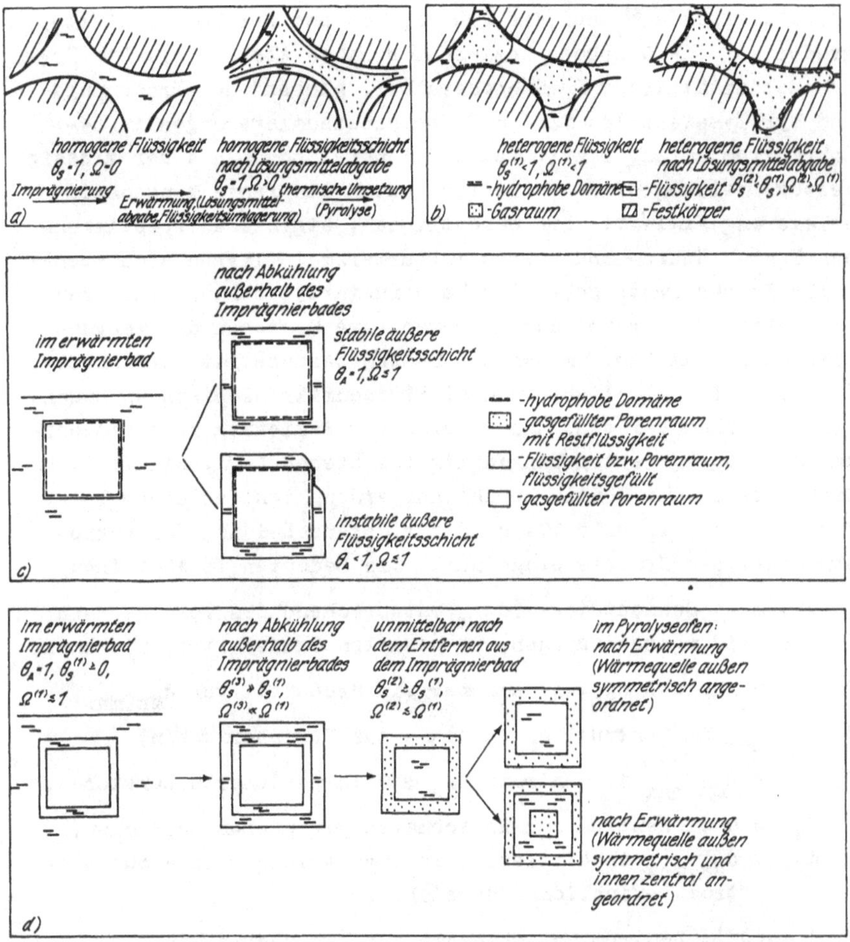

Bild 16: Mikro- und Makrostrukturen von Flüssigkeiten in und an porösen Festkörpern im Gleichgewicht mit hydrophoben Domänen und dem Gasraum:

Θ_A Bedeckungsgrad der äußeren Oberfläche

Θ_S Bedeckungsgrad der inneren Oberfläche

Ω Porenausfüllgrad

(Die schematische Darstellung beruht auf Untersuchungen zur Struktur von wässrigem Mangannitrat in und an porösen Tantal-Sinterkörpern).

bedeckungsgrade Θ_i auf die Flüssigkeit und der Porenausfüllgrad Ω auf die Gasphase beziehen, s. auch Abschn. 4). Die Hydrophobizität trägt Domänencharakter. Während der Trocknungs- und Pyrolysereaktion finden Flüssigkeitsumlagerungen in beschränktem Umfang statt. Der stationäre Endzustand der Flüssigkeitsverteilung wird schließlich durch die feste Manganoxidablagerung fixiert. Ihre wesentlichen, eigenschaftsbestimmenden Real-, Mikro- und Makrostrukturmerkmale lassen sich ebenfalls in bestimmte schematische Strukturtypen klassifizieren. Die Makrostruktur ist durch abgrenzbare Konturen der Manganoxidschicht am bzw. im porösen Festkörpersubstrat definiert, die z.b. visuell, licht- und elektronenmikroskopisch an Bruchflächen erkennbar sind und in direkter Beziehung zu Makromenisken des imprägnierten Mangannitrates stehen (vgl. Bild 17). Die Sichtbarkeit der Kontur beruht auf einem lichtoptischen Interferenzeffekt. In Bild 17a sind zur Unterscheidung der Makrostrukturtypen Symbole eingeführt. Sie bedeuten im einzelnen:

A maximale Schichtdicke (d_{max} entsprechend den vorgegebenen Abscheidungsbedingungen) im gesamten Oxidelektrodenvolumen,

B gleichmäßiges d_{Mn}, jedoch nur ein Bruchteil von $d_{Mn,max}$,

C $d_{Mn,max}$ im Zentrum, d_{Mn}-Abnahme zur Peripherie hin,

D $d_{Mn} < d_{Mn,max}$ im Zentrum, $d_{Mn} \approx 0$ in peripheren Bereichen,

E $d_{Mn} \approx 0$ im Zentrum und in schmalen peripheren Bereichen, $d_{Mn} < d_{Mn,max}$ in mittleren, in symmetrischer Lage zum Zentrum befindlichen Bereichen,

F $d_{Mn} \approx 0$ im Zentrum, d_{Mn}-Zunahme zur Peripherie hin.

Die Konturen können je nach der Geometrie der Oxidelektrode sowie weiteren Beschichtungsbedingungen symmetrisch oder asymmetrisch sein. In der Praxis treten tonnen- und kissenförmige Abrundungen bzw. Verzerrungen der Kontur in bestimmten Raumrichtungen auf. Bei entsprechender Auflösung findet man innerhalb der Bereiche eine Mikrostruktur vor. Sie ist ein Abbild der Mikromenisken des imprägnierten Mangannitrats unmittelbar vor der Umsetzung (vgl. Bild 17b), die sich im lokalen Gleichge-

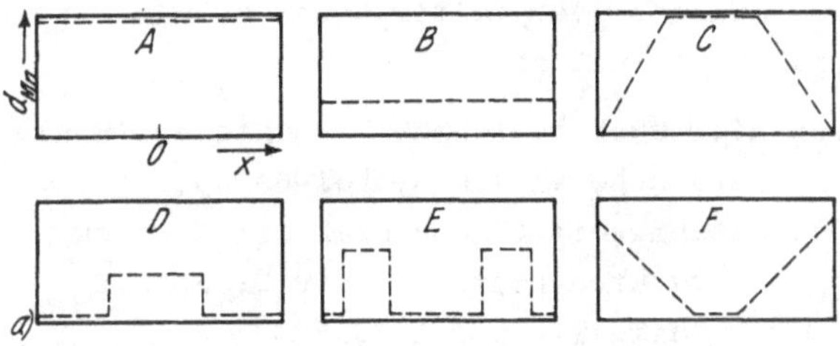

Bild 17a:

Schematische Konturen der Makrostruktur von Manganoxidablagerungen in porösen Sinterkörpern (weitere Erläuterungen s. Abschn. 3.3)

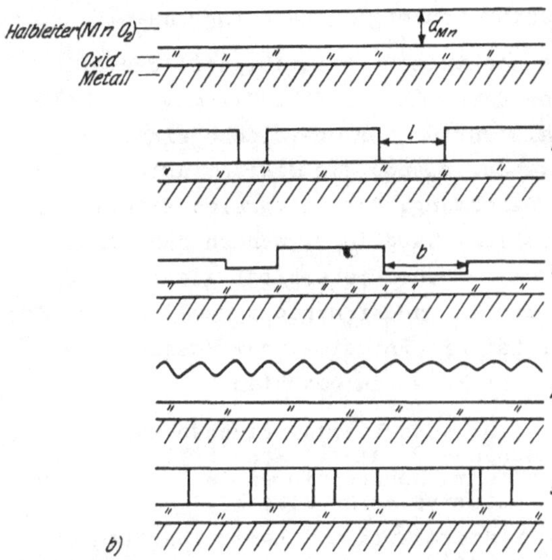

Bild 17b:

Schematische Darstellung von Mikro- und Realstrukturtypen von Manganoxidablagerungen in porösen Sinterkörpern

wicht Festkörper-Flüssigkeit-Gas-hydrophobe Domäne einstellen. Auch hier ist eine symbolische Darstellung wesentlicher Strukturphänome zweckmäßig. Die Symbol-Beispiele im Bild 17b haben folgende Bedeutung (weitere Erläuterungen s. in Abschn. 3.3):

1 homogene Schicht mit konstanter Dicke d_{Mn},

2 Lückenschicht (Für den mittleren Lückendurchmesser l gilt $l \gtrsim d_{Mn}$.),

3 bereichsweise variables d_{Mn} (Für den mittleren Bereichsdurchmesser b gilt $b \gg d_{Mn}$.).

Die Vielfalt der Mikrostruktur ist ungleich größer als man durch einfache Symbole darzustellen vermag, doch sind gerade die Beispiele in Bild 17 typische Vertreter, die die Strukturfaktoren und verteilten Parameter der weiter unten zu diskutierenden elektrischen Modelle beeinflussen.

Zur Mikrostruktur sollen hier auch bestimmte Elemente der Realstruktur gezählt werden. Dazu gehören die Symbol-Beispiele

4 periodische Oberflächenrauhigkeit (Die charakteristischen Längen der Rauhigkeitsstrukturen können in der Größenordnung von d_{Mn} liegen, vgl. Bild 17b und 12),

5 Korngrenzen-Wabenstruktur (durchgängige Korngrenzen).

Unter dem Aspekt der die elektrische Leitfähigkeit beeinflussenden Wechselwirkung von Gasen (z. B. H_2O, O_2) mit dem Halbleiter verdienen die Realstruktur der Oberfläche einschließlich des Korngrenzenzustandes ebenso wie Mikrostrukturen des Typs 2 bzw. 3 besondere Beachtung. Den integralen Effekt solcher Phänomene veranschaulicht Tabelle 9, wonach qualitativ eine deutliche Korrelation zwischen reversibel adsorbierter Feuchte und Strukturtyp der Manganoxidschicht gemäß obiger Nomenklatur besteht. Dabei ist die Porosität der Manganoxidschicht mit Anteilen offener Poren zu beachten.

Tabelle 9: Integraler Einfluß adsorbierter Feuchte auf die bei f = 50 Hz gemessenen Parameter Kapazität und Verlustfaktor von Tantalkondensatoren in Relation zum Manganoxid-Strukturtyp gemäß Bild 17

I nach dem Kontaktieren mit Leitsilber (adsorbierte Feuchte)

II unmittelbar nach dem Tauchverzinnen (Schocktrocknung)

III nach ca. 12 Stunden Lagerung an Luft (adsorbierte Feuchte)

Probe	$C_S/\mu F$			$\tan \delta_S/\%$			Manganoxid-Strukturtyp
	I	II	III	I	II	III	
1	4,81	4,61	4,75	1,6	3,2	1,6	B - 1
2	4,65	4,61	4,64	4,9	8,9	9,1	B - 2

Bild 18 zeigt dazu die REM-Aufnahme eines angeschliffenen äußeren Belages einer Ta-Oxidelektrode. (Über die komplexe Untersuchungsmethodik wurde bereits in mehreren Ver-

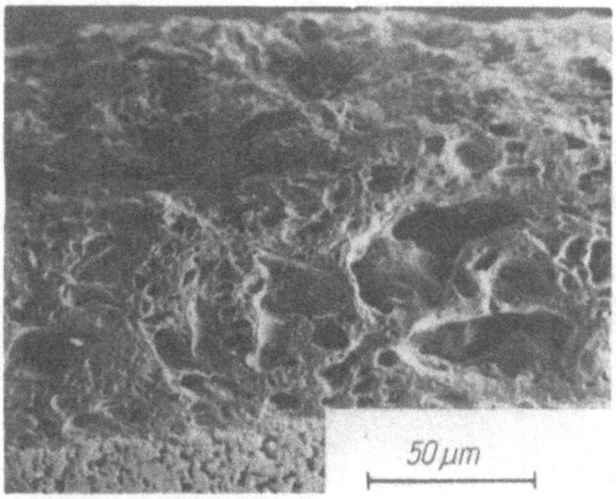

Bild 18:
Poröse Struktur des äußeren MnO_2-Belages auf einer Ta-Oxidelektrode (metallografischer Anschliff, REM-Aufnahme)

öffentlichungen berichtet /78/. Zum Verständnis der elektronischen Eigenschaften des pyrolytischen Mn-Oxid-Belages ist auf den Zusammenhang mit der atomaren Fehlordnung hinzuweisen. MnO_2 gilt als n-Halbleiter mit Sauerstoffionenleerstellen. Obgleich diese Aussage stets im konkreten Fall zu belegen ist, soll nachfolgend auf dieser Grundlage die Abhängigkeit der elektrischen Leitfähigkeit $\varkappa_{Mn}$ vom Sauerstoffpartialdruck p_{O_2} für verschiedene Temperaturbereiche näherungsweise berechnet werden. Das Berechnungsschema folgt - unter Anwendung gebräuchlicher Symbole - entsprechenden Überlegungen zum BeO und Ta_2O_5 in /29/. Es gelten die Reaktionsgleichungen

$$\begin{aligned} \beta\text{-}MnO_2 &\rightleftharpoons V_O + \ominus + \tfrac{1}{2} O_2 \\ V_O &\rightleftharpoons V_O' + \ominus \\ V_O &\rightleftharpoons V_O'' + \ominus \\ \text{Null} &\rightleftharpoons \oplus + \ominus \end{aligned} \qquad (13)$$

Die Symbole bedeuten: V_O, V_O', V_O'' neutrale bzw. einfach, zweifach ionisierte Sauerstoffionenleerstelle; $\ominus$, $\oplus$ Elektronen, Löcher. Die zugehörigen Massenwirkungsgesetze lauten mit den entsprechenden Störstellenkonzentrationen

$$K_1 = [V_O][\ominus]\, p_{O_2}^{1/2} \qquad K_2 = \frac{[V_O]}{[V_O'][\ominus]} \qquad (14)$$

$$K_3 = \frac{[V_O]}{[V_O'][\ominus]} \qquad K_4 = [\oplus][\ominus]$$

In die Massenwirkungskonstanten

$$K_i = K_i^o \exp(-\Delta E^{(i)}/kT) \qquad (15)$$

k-BOLTZMANN-Konstante

setzt man $\Delta E^{(1)} = \Delta H_{V_O}$, $\Delta E^{(2)} = E_{CMn}-E_{V_O}$, $\Delta E^{(3)}=E_{CMn}-E_{V_O'}$, und $\Delta E^{(4)} = E_{CMn}-E_{VMn} = E_{gMn}$ ein. Es bedeuten K_i^o Konstanten, ΔH_{V_O} Bildungsenthalpie der neutralen Leerstelle, $E_{V_O'}$ und $E_{V_O''}$ Donatorenergien der ionisierten Leerstellen. Für die elektrische Leitfähigkeit gilt der Ansatz

$$\varkappa_{Mn} = e/u_e [\ominus] \qquad (16)$$

mit der Elementarladung e. Daraus folgen mit (14) und (15) unter Zuhilfenahme der Neutralitätsbedingung

$$2\,[V_O''] + [V_O'] + [\oplus] = [\ominus] \qquad (17)$$

die Grenzfälle

a) tiefer T ($[\ominus] \gg [\oplus]$, $[V_O'] \gg 2\,[V_O'']$)

$$\varkappa_{Mn} \approx e/u_e\,(K_1^o K_2^o)^{1/3} p_{O_2}^{-1/6} \exp\left(-\frac{\Delta H_{V_O} + E_{CMn}-E_{V_O'}}{3\,kT}\right), \qquad (18)$$

b) mittlerer T ($[\ominus] \gg [\oplus]$, $2\,[V_O''] \gg [V_O']$)

$$\varkappa_{Mn} \approx 1{,}19\; e/u_e\,(K_1^o K_2^o K_3^o)^{1/4} p_{O_2}^{-1/8} \exp\left(-\frac{\Delta H_V + 2E_{CMn}-E_{V_O'}-E_{V_O''}}{4\,kT}\right), \qquad (19)$$

c) hoher T ($[V_O] \approx [V_O'] \approx [V_O''] \approx 0$)

$$\varkappa_{Mn} \approx e/u_e\,(K_4^o)^{1/2} \exp\left(-\frac{E_{gMn}}{2kT}\right). \qquad (20)$$

Die MnO_2-Schicht steht im Kontakt mit den übrigen Phasenbereichen des Systems, wodurch Diffusions- und Adsorptionsreaktionen im Grenzschichtbereich - die natürlich auch die Volumeneigenschaften des Festelektrolyten beeinflussen können - zu beachten sind. Dazu zählen an der Grenzfläche Tantaloxid/Manganoxid die Reaktion vom Bruttotyp

$$Ta_2O_{5-x_1} + MnO_{2-x_2} \longrightarrow Ta_2O_{5-x_1} + \Delta_O^+ \; MnO_{2-x_2} - \Delta_O \qquad (21)$$

an der Grenzfläche Tantal/Tantaloxid

$$Ta + Ta_2O_{5-x_1} \longrightarrow Ta\ (\delta_0) + Ta_2O_{5-x_1-\delta_0}\ , \qquad (22)$$

und an der Grenzfläche MnO_2/Atmosphäre

$$MnO_2 + \text{org. Verb.} \longrightarrow \text{org. Komplex.} \qquad (23)$$

Das Symbol Ta (δ_0) bedeutet im vereinfachten Modell eine feste Lösung von δ_0 Atomen Sauerstoff auf Zwischengitterplätzen der Tantalmatrix (s. auch Abschn. 2.2.2). Der Sauerstoffaustausch über die Grenzflächen hinweg gemäß (21) und (22) hat den Abbau elektronischer Barrieren im Grenzflächenbereich zur Folge (vgl. Abschn. 2.2.5). Die Reaktion (23) von Manganoxid mit organischen Monomeren unter Bildung elektrisch isolierender organischer Komplexverbindungen erlangt im Montageprozeß (Dämpfe organischer Komponenten der Graphit- und Leitsilbersuspension, Flußmitteldämpfe) besondere Bedeutung. (9) und (10) als Grenzflächenreaktionen können bei geeigneter Steuerung über die Partialdrucke der gasförmigen Reaktionspartner gewünschte Effekte verursachen (Erniedrigung der Leitfähigkeit, Mikrostrukturstabilisierung). Die nitrosen Reaktionsgase (s. (5) bis (8)) sind zur Vermeidung lokalisierter Schädigungen des Dielektrikums (Reststrombeeinflussung) bzw. sperrender Kontakte (Verlustfaktorbeeinflussung) schnell aus dem System zu entfernen, was beim $Al-Al_2O_3-MnO_2$-System von besonderer Bedeutung ist /79/.

Die Bemühungen zur Substitution des MnO_2 konzentrieren sich gegenwärtig auf den Einsatz von organischen Halbleitern. Zufolge einer Übersicht in /81/ werden z. B. beim TTF-TCNQ Spitzenwerte der elektrischen Leitfähigkeit bei Zimmertemperatur von $10^3\,\Omega^{-1}$ cm^{-1} und bei T = 70 K von $3 \cdot 10^5\,\Omega^{-1}cm^{-1}$ erzielt. Die T-Abhängigkeit des spezifischen elektrischen Widerstandes ϱ_Q einiger TCNQ-Komplexsalze im Betriebstemperaturbereich von Festelektrolytkondensatoren zeigt anhand von Literaturangaben Bild 19.

Die ϱ_Q-T-Charakteristik ist vergleichbar mit der des β-MnO_2 (vgl. Bild 20), das ϱ_Q-Niveau liegt dagegen deutlich niedriger als ϱ_{Mn}. Wie aus der nachfolgenden Übersicht hervorgeht, zeigen TCNQ-Komplexsalze den typischen Anodisiereffekt.

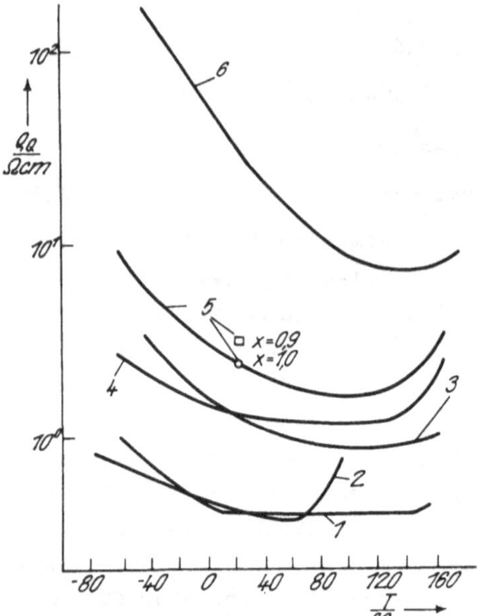

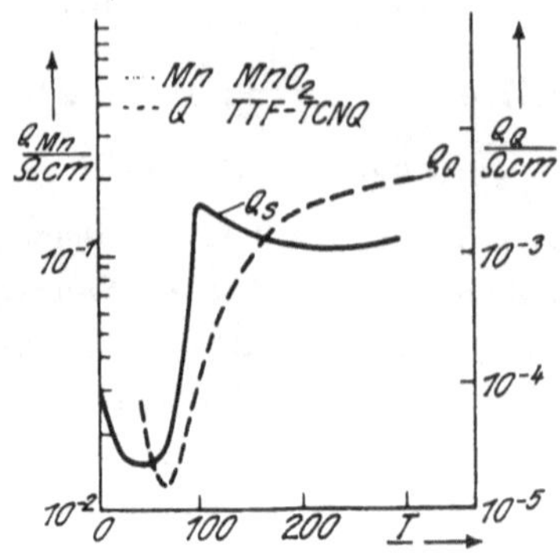

Bild 20: Temperaturabhängigkeit des spezifischen elektrischen Widerstandes von MnO_2 /82/ und TTF-TCNQ /81/, /83/

Bild 19: Spezifischer elektrischer Widerstand von TCNQ-Salzen in Abhängigkeit von der Temperatur (Zeichenzuordnung s. in der Übersicht weiter unten)

Anodisierbarkeit organischer Halbleitersalze (Übersicht):

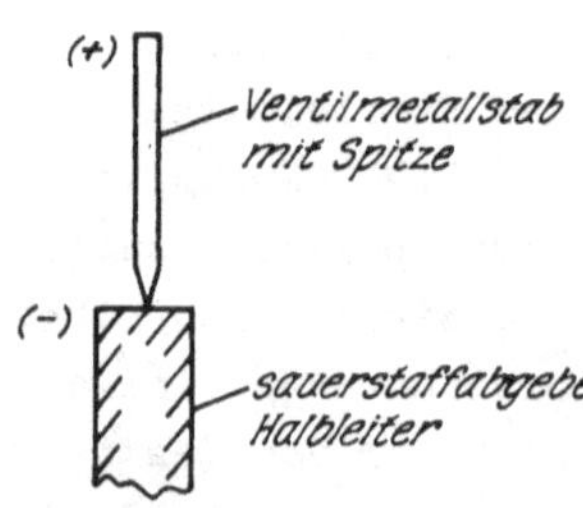

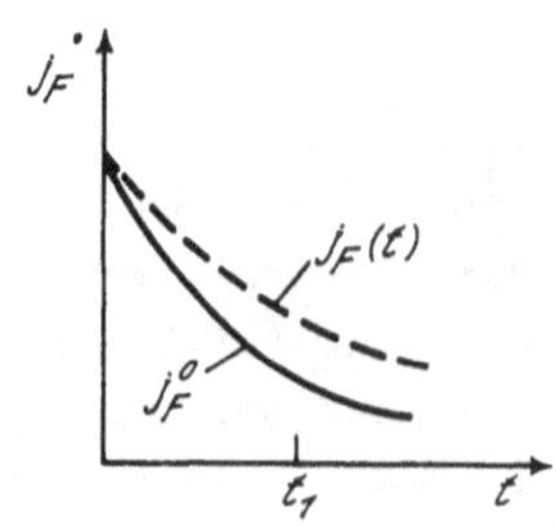

Anodisierbarkeit (Definition):

$$a_F \equiv \frac{j_F\,(t_1)}{j_F^o\,(t_1)}$$

j_F^o Formierstromdichte für $(\text{Chinolinium})^+$ $(\text{TCNQ})^-$ (TCNQ)

TCNQ-Salze (s. Bild 19):

1 (N-tert-Butylchinolinium)$^{+}$ (TCNQ)$^{-}$ (TCNQ)$_{2,1}$
2 (Chinolinium)$^{+}$ (TCNQ)$^{-}$ (TCNQ)
3 (N-n-Propylpyridinium)$^{+}$ (TCNQ)$^{-}$ (TCNQ)$_{1,6}$
4 (N-Isopropylchinolinium)$^{+}$ (TCNQ)$^{-}$ (TCNQ)
5 (N-n-Propylchinolinium)$^{+}$ (TCNQ)$^{-}$ (TCNQ)
6 (N-tert-Butylpyridinium)$^{+}$ (TCNQ)$^{-}$ (TCNQ)$_{1,2}$

Nach Literaturangaben gilt

N-Substitutient	$\varrho_H / \Omega cm$	a_F
Wasserstoff	0,4	1
Äthyl	16,6	0,5
n-Propyl	3,0	1
Isopropyl	1,4	1,3
tert-Butyl	0,4	2,5
Methyl	2000	10

Einige wichtige Fragen, z. B. die der Lösungsmittel (s. Tabelle 12) und der Zusätze etwa in Form von Kopolymeren zur Erhöhung des Flächenbedeckungsgrades Θ_Q (z. B. 7,7,8,8-Tetracyanochinodimethan) und der Haftfestigkeit (z. B. Vinylazetat) sind noch nicht ausreichend geklärt. Der technologische Rückstand gegenüber dem gebräuchlichen MnO_2-Festelektrolyt wird in Bild 21 ersichtlich.

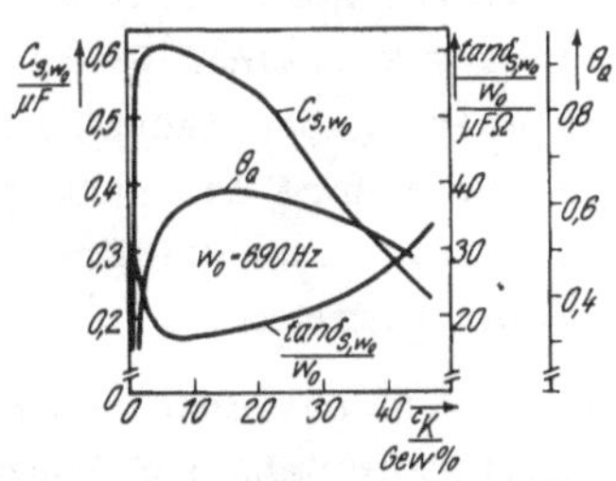

Bild 21: Flächenbedeckungsgrad des Katodenbelages, C_S und $\tan \delta_S$ von Al-Al_2O_3-TCNQ-Kondensatoren in Abhängigkeit vom Kopolymergehalt (nach Angaben in /20/)

Trägt man nach Angaben in /20/ Θ_Q sowie R_S bzw. $\tan\delta_S$ von FE-Kondensatoren mit poröser Al-Oxidelektrode und einer aus einem organischen Halbleiter mit Kopolymerzusatz (Konzentration c_K) bestehenden Katode über c_K auf, so wird ein optimales c_K bei 13 bis 25 Gew% gefunden, bei dem C_S hohe und tan δ_S niedrige Werte annehmen. In diesem Bereich steigt Θ_Q jedoch nur auf etwa 0,6 an und ist damit von Θ_{Mn} = 0,9 bis 1,0 (Stand der Technik bei MnO_2, vgl. Tabelle 10) noch weit entfernt.

Tabelle 10: Einfluß von Θ_i auf die Bauelementeeigenschaften von FE-Kondensatoren mit poröser Oxidelektrode (i=Mn Q)

Katodenbelag		Oxid-elektrode	Θ_i/%	tan δ_S/%	Literatur
MnO_2		$Ta\text{-}Ta_2O_5$	0,90	2,5	/78/
TCNQ		$Al\text{-}Al_2O_3$			/20/
Kopolymer	Lösungsmittel				
Polyvinyl-pyrrolidon	Acetonitril-		0,66	2,8	
Poly-(Vinylpyrrolidon/Vinylacetat) 70:30	"		0,45	2,1	
ohne	"		0,19	5,0	

2.2.4 Ladungstransport und dielektrische Eigenschaften der MOFE-Heterostruktur

Die ideale Zielfunktion lautet ε, $E_D \rightarrow$ Max. und tan δ, $I^- \rightarrow$ Min. (E_D Durchschlagsfeldstärke, I^- Reststromstärke). Als Nebenbedingung ist eine weitgehende Unabhängigkeit von Spannung U, Frequenz f, Temperatur T, Zeit t und relativer Luftfeuchtigkeit zu fordern. Gerade die Abhängigkeit der physikalischen Grund- und Bauelementeparameter von diesen Variablen geben jedoch Auskunft über die Details und komplexen Zusammenhänge der Ladungstransport- und Polarisationspänomene, die letztlich die Erreichbarkeit der Zielfunktion bestimmen und begrenzen.

Ausgehend von der energetischen und räumlichen Zustandsdichteverteilung in ihrer fundamentalen Beziehung zur Nah- und Fehlordnung sowie zum Grad der Zustandsbesetzung, den Ladungsträgergenerations- bzw. Rekombinationsmechanismen und dem Kompositcharakter wird man eine Reihe von wichtigen Fragen zu beantworten haben:

- Anteile und Kopplung der Ladungsträger (Elektronen, Löcher, Polaronen, Ionen) → I-U-Kennlinie, Majoritätstransportrichtung, Einschaltverhalten, Dotierungseffekte, Durchschlagsphänomene,
- Streumechanismen und Energiedissipation → Verlustfaktor, Durchschlagsphänomene,
- Grad der Dipolausrichtung, Dipolgeneration, Art der permanenten Dipole → Polarisierbarkeit, Dielektrizitätskonstante,
- Grad der Ladungsträgerblockierung, Raumladungs- und Barrierenstruktur → Kennlinienasymmetrie, Polarisationsasymmetrie,
- Grad der Ladungstransportlokalisierung → Kanalleitung, Defektleitung,
- Ladungsträgervervielfachung → Durchschlagsphänome.

Eine Analyse der älteren Literatur in /36/ und der neueren durch den Autor mit speziellem Bezug auf die Ta-Ta_2O_5-FE (MnO_2, PbO_2)-Struktur zeigt, daß noch erhebliche Lücken im Verständnis der experimentellen Ergebnisse bestehen. Als Schwerpunkte der Untersuchungsverfahren, von denen man in der Literatur zu den Transport- und Polarisationserscheinungen eine Aussage erwartet, sind zu nennen:

- thermisch stimulierte Ströme → Ladungsträgerart, Struktur flacher Störstellen,
- fotostimulierte Ströme → Elektronenstruktur im gesamten Energiebereich,
- Spektroskopie tiefer Störstellen → Struktur tiefer Störstellen, Ladungsträgerrekombination,
- optische Absorption → Verteilung lokalisierter Zustände, Bandstruktur,
- I-U,E-Kennlinien → Barrierenparameter, Majoritätstransportmechanismus, Ladungsträgerart und -konzentration, Grenzschichtzustände,
- frequenzabhängiges Wechselfeldverhalten → Eigenschaften des Oxidvolumens, der Grenzschichten und des Metalls bzw. Festelektrolyten,
- frequenzabhängige C-U-Kennlinien (C-Kapazität) → Grenzschicht- und Oxideigenschaften (insbesondere Polarisation),

- temperatur- und frequenzabhängige tan δ-U-Kennlinien ⟶ Energiedissipation in der gesamten Heterostruktur,
- T-U-Streßverfahren ⟶ Eigenschaftsstabilität.

Die Widersprüchlichkeit der in der Literatur gegebenen Interpretationen ist außer auf fundamentale Probleme der werkstofftechnologischen Definiertheit des jeweiligen Heterosystems und meßtechnische Probleme auf den noch zu geringen Erkenntnisvorlauf zurückzuführen, den die theoretische Physik der Dielektrika, insbesondere der amorphen, aufzuweisen hat. Die Erfahrung lehrt, daß, ausgehend vom Nahordnungskonzept, aufgrund des stark heteropolaren Bindungscharakters der Oxiddielektrika (vgl. Anhang 2) eine starke Elektronen-Phononen-Kopplung (Kopplungskonstanten: 0,02 ... 0,04 für GaAs, InSb, 1 ... 3 für Al_2O_3, SiO_2 /82/) außerordentlich kleine mittlere freie Weglängen (0,01 ... 0,5 nm) und damit sehr hohe mittlere Feldstärken (10^5 ... 10^7 Vcm^{-1}) zur Beschleunigung der Ladungsträger verlangt. Der relativ hohe Dissoziationsgrad hat hohe Störstellendichten zur Folge (1 ppm Dissoziationsgrad entspricht 10^{17} Störstellen pro cm^3 /85/). Damit sind die Ausbildung von z. T. tiefen Störstellenbändern und die scheinbar geringe Dotierungsabhängigkeit zumindest pauschal verständlich. (Größere Aktivierungsenergien der elektrischen Leitfähigkeit gelten dessenungeachtet als ein Zeichen für höhere Reinheit und Oxidperfektion). Je tiefer die Einfangstörstellen im Inneren der breiten "verbotenen Zone" liegen, desto stärker ist die FERMI-Energie von der energetischen Lage E_{LO} dieser Störstellen und weniger von der Zustandsdichte N_{LO} abhängig, wie man sich anhand des Ausdruckes /84/

$$0,5 \geq \frac{\partial E_{FO}}{\partial E_{LO}} = \frac{1}{2\left[1+\frac{N_O}{N_{LO}}\exp\left(-\frac{E_{CO}-E_{LO}}{kT}\right)\right]} \qquad (24)$$

(N_O Zustandsdichte im Leitungs- bzw. Valenzband, E_{CO} Leitungsbandkante) mit $N_O \approx 10^{23}$ cm^{-3}, $N_{LO} \geq 1$ cm^{-3} und $E_{CO}-E_{LO} \ggg kT$ leicht überzeugen kann. Damit werden die Gültigkeit der FERMI-DIRAC-Statistik und die Rolle von E_{FO} überhaupt in Frage gestellt. Das traditionelle Herangehen, wonach eine Ladungsträgersorte die absolute Majorität besitzt (in der älteren Literatur /86/ gelten z. B. Al_2O_3, Nb_2O_5, Ta_2O_5, TiO_2, ZrO_2 ohne Einschränkung als n-Halbleiter, vgl. aber Bild 6), ist nicht gerechtfertigt, weil die hohen Feldstärken gleichzeitig mehrere Ladungstransporttypen wirken lassen, was die Identifizierung einzelner erschwert. Es ist allerdings zu beachten, daß ein Isolator mit absorbierenden bzw. emittierenden Traps theoretisch eine qualitativ ähnliche Strom-Zeit-Kennlinie liefert /87/, wie sie experimentell nach /88/, /89/ beobachtet, jedoch im Zusammenhang mit Ionen- bzw. Ionendefektströmen diskutiert worden ist. In den I-U-Kennlinien findet man Hysteresis- und Nichtgleichgewichtseffekte. Das stationäre Gleichgewicht stellt sich erst nach Stunden bzw. überhaupt nicht ein, was man auf die Konkurrenz temporärer Fehlordnungs- und Raumladungsphänomene zurückführt. Einige typische Abhängigkeiten von U, T und f lauten wie folgt (a_i Konstanten):

OHMsches Verhalten $\sim U \exp(-\frac{a_1}{T})$,

Hopping-Leitung $\sim f^n$ mit $n \lesssim 1$,

Rauladungsbegrenzt $\sim U^n$ mit $n \geq 2$,

Ionenleitung: kleine U $\sim \frac{U}{T}$; große U $\sim \frac{1}{U} \exp(\frac{a_2 U}{T})$,

Tunnelmechanismus $\sim U^2 \exp(-\frac{a_3}{U})$,

POOLE-FRENKEL-Emission $\sim U \exp(\frac{a_4 \sqrt{U}}{T})$,

RICHARDSON-SCHOTTKY-Emission $\sim T^2 \exp(\frac{a_5 \sqrt{U}}{T})$.

Die Gegenüberstellung von $j - \sqrt{E}$-Kennlinien (j Stromdichte, E elektrische Feldstärke) im Bild 22 für unterschiedliche werkstoff-technologische Varianten zeigt ein relativ breites Streuband. Auffällig ist jedoch die niedrige Kurvenlage (hoher Isolationswiderstand!) bei ungetemperten anodischen und sorgfältig präparierten, reaktiv aufgestäubten Tantaloxidschichten. Festelektrolyten (MnO_2, PbO_2, Fe_2O_3) verschieben die Kennlinie von Dünnschicht-Oxidelektroden insgesamt nach oben. Es sei an dieser Stelle vermerkt, daß nach den Erfahrungen des Verfassers Festelektrolytkondensatoren mit poröser Anode ohne besondere

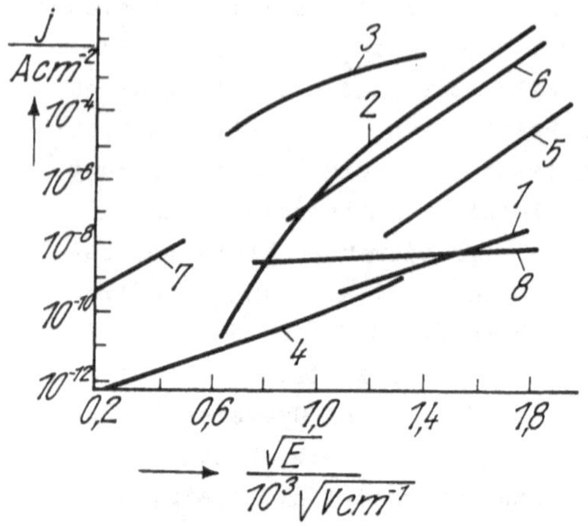

Bild 22:

j- $\sqrt{E}$-Kennlinien von Dünnschicht-Kondensatorstrukturen (bei 1 bis 4, 7 und 8 M-Katoden; bei 5 und 6 FE-Katoden):

1 anod. Ta_2O_5 /68/
2 anod. Ta_2O_5 (vakuumwärmebehandelt) /68/
3 reakt. Ta_2O_5 /68/
4 " " /62/
5 " " /90/
6 reakt. Nb_2O_5 /90/
7 " (Ta,Si)-Oxid/91/
8 anod. (Al,Ta)-Oxid/92/

technologische Vorkehrungen im vergleichbaren E-Bereich niedrige Isolationswiderstände aufweisen, da stärkere thermische und chemische Belastungen im Herstellungsprozeß dieser Bauelemente auftreten. Dies soll das folgende Experiment veranschaulichen. Es wurde ein Ta-Sinterkörper mit einer Gesamtporenoberfläche von etwa 500 cm^2 bei einer Temperatur von 85 °C bis zur Spannung U_F anodisch oxydiert (Formierstromdichte: j_F = 1 mA cm^{-2}). Nach Erreichen der Formierspannung U_F wurde 1 Stunde bei T = 85 °C ausformiert und dann auf T = 20 °C unter Spannung abgekühlt. Der Reststrom betrug 1 µA (s. Meßpunkt U_F im Bild 23). Die Oxidelektrode wurde nach Reinigung und Trocknung mit 33 %iger wässriger Mangannitratlösung bei T = 50 °C imprägniert, das bei T = 280 °C pyrolytisch zu MnO_2 umgesetzt wurde.

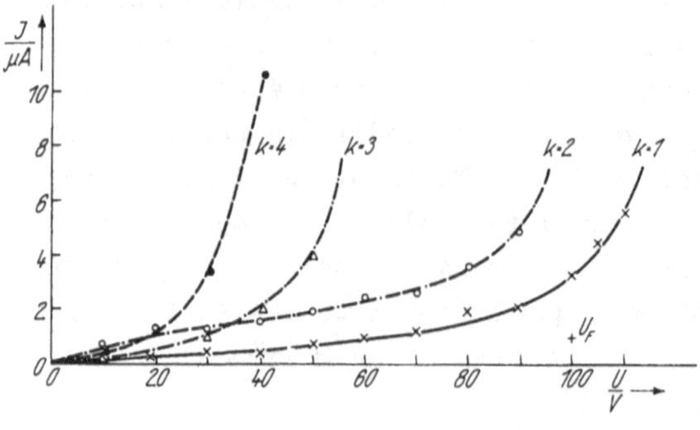

Bild 23: I-U-Kennlinien (Naßmessung) von MnO_2-beschichteten Ta-Oxidelektroden nach unterschiedlichen Beschichtungszyklen k

Die Probe durchlief k = 5 dieser Zyklen. Dazwischen erfolgte unter Verwendung von 0,1 %igem wässrigem KH_2PO_4 als flüssigem Kontaktierelektrolyt jeweils die Messung der anodischen I-U-Kennlinie. Wie man aus Bild 23 entnimmt, sinkt der Isolationswiderstand um eine Größenordnung gegenüber der frisch formierten Oxidelektrode.

Für das Betriebsverhalten bei Kondensatoren ist im allgemeinen eine symmetrische Kennlinie erwünscht. Von diesem Prinzip weichen gerade Elektrolytkondensatoren deutlich ab. Eine in diesem Sinne "ideale" Kennlinien-Symmetrie hat man bei den betrachteten Metall-Oxid-Systemen bisher nur in Dünnschichttechnik realisiert. Die Frage nach den Ursachen beschäftigt die Forschung schon seit langem, ohne daß bisher eine befriedigende Lösung gefunden wurde. Als wahrscheinlichste Gründe für das Gleichrichterverhalten werden bei Ta-Oxidelektroden u. a. folgende genannt:

Tantal	Tantaloxid	Katode	Ursache
kompakt	anodisch	flüssiger Elektrolyt	H-Einbau im Oxid (keine Eigenschaft der Oxid/Elektrolyt-Grenzfläche!)
Schicht	anodisch	M-Schicht	p-n- bzw. p-i-n-Heterostrukturen im Oxid
Schicht	aufgedampft reaktiv aufgestäubt	M-Schicht	Grenzschichtbarrieren
kompakt	anodisch	MnO_2	O-Leerstellen in Grenzschicht Ta/Ta_2O_5

Injektionsströme sind in den betrachteten Heterostrukturen bei niedrigen Feldstärken sehr klein; dadurch können sie den Betrag des Gesamtstromes in diesem E-Bereich bestimmen. Man hat dabei zu beachten, daß sich die anliegende Gesamtspannung U auf alle Bereiche i der Heterostruktur einschließlich der Grenzschichten verteilt: $U = \sum_i U_i$. Dazu addiert sich (mit richtigem Vorzeichen!) die Kontaktspannung:

$$\phi_{MH} = \phi_M - \chi_H - \frac{E_{gH}}{2} \pm \frac{2E_{FH} - E_{gH}}{2e}. \qquad (25)$$

Das Minuszeichen gilt für p- und das Pluszeichen für n-Halbleitung. Bild 24a zeigt schematische Bandstrukturmodelle der MOFE-Heterostruktur. Wie beim Festelektrolyt mit Oberflächenzuständen (freie Oberfläche, Adsorbate) der Zustandsdichte n_{OZ} eine Bandverbiegung in der Grenzschicht der Dicke λ_H' vorliegt (Daten s. Tab. 7), hat der Isolator aufgrund seiner Oberflächenzustände (vgl. Anhang 2) Grenzschichten der Dicke λ_0' mit nach oben (n-Typ) bzw. unten gekrümmten Bändern (p-Typ) an den Phasenrändern. Fügt man die Energieschemata der Phasen Metall, Oxid, Festelektrolyt mit $\phi_{MH} = 0$ und ohne Oberflächenzustände, jedoch mit anliegender äußerer Spannung U zusammen, so entsteht Bild 24b (Grenzschicht der Dicke λ_H im n-leitenden Festelektrolyt), metall- bzw. halbleiterseitige Grenzschichten der Dicken λ''_{OM}, λ''_{OH} im n-leitenden Oxid). Den realen Verhältnissen kommt man mit dem Heteroschema im Bild 24c näher, das eine p-i-n-Struktur im Oxid berücksichtigt: Die Grenzschichtdicken haben jetzt die Bezeichnungen λ_H, λ_{OH}, λ_{OM}. Nach /68/ gilt für Abschätzungen

$$\lambda_i = \frac{2\,\varepsilon_{\infty i}\,\varepsilon_0}{e^2 N_{di}} (\Delta\phi_i + eU)^{1/2} \qquad (26)$$

ε_∞ optische Dielektrizitätskonstante
$\Delta\phi$ Austrittsarbeitsdifferenz

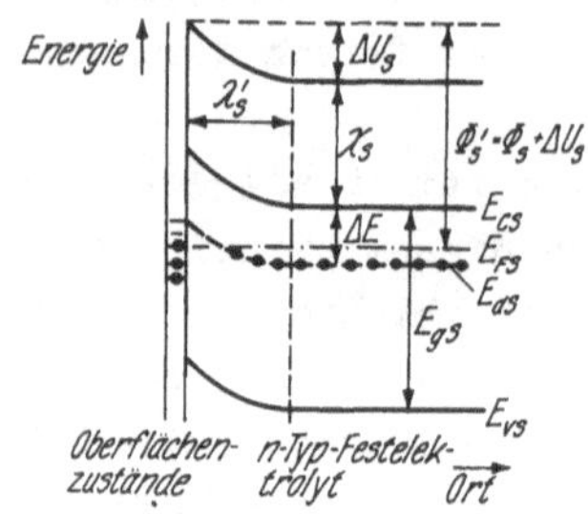

a) Energiediagramm der Grenzschicht feuchte Luft/MnO_2-FE (Volumen- und Oberflächenzustände)

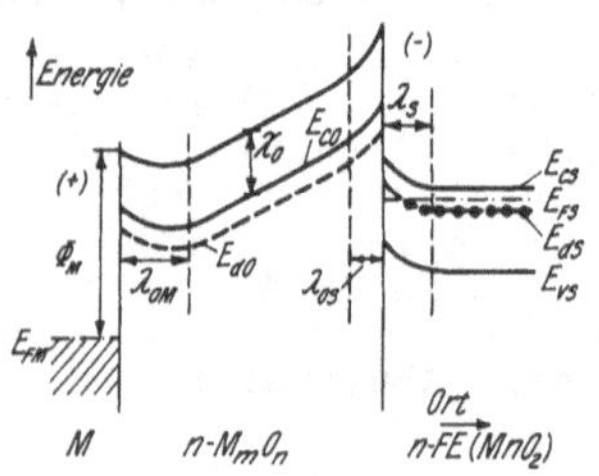

b) Energiebandstruktur mit n-leitendem Oxid

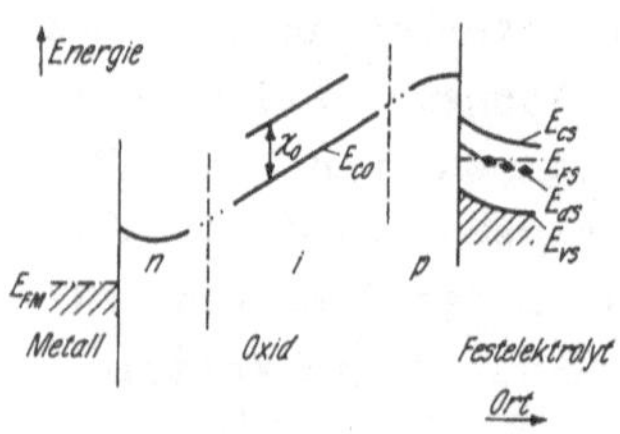

c) Energiebandstruktur mit nip-Struktur im Oxid

Bild 24 a - c:

Energiemodelle der MOFE-Heterostruktur

Es ist i = H, OH, OM einzusetzen, wenn $\Delta\phi_i$ die Austrittsarbeitsdifferenz der entsprechenden Grenzfläche und N_{di} die Donatordichte der betrachteten Grenzschichtphase ist.
Mit steigender Feldstärke bestimmt das Oxid selbst den Charakter der I-U-Kennlinie, wofür vor allem das Auftreten von Hopping-, raumladungsbegrenzten, thermisch stimulierten (POOLE-FRENKEL-EFFEKT)) und Ionenströmen spricht.

Die komplexen Verhältnisse soll Bild 25 schematisch zum Ausdruck bringen. Im Teilbild 25a werden mögliche Konsequenzen der elektrischen und ionischen Teilströme aufgezeigt (Ladungsspeicherung am Beispiel n-M_m O_n, Oxidwachstum am Beispiel Ta-Ta_2O_5-MnO_2). Teilbild 25b veranschaulicht schematisch phononen- bzw. photonengekoppelte Generations- und Rekombinationsprozesse unter Berücksichtigung von Injektionsmechanismen der Kontaktgrenzschichten einschließlich der Beteiligung von Grenzschichtzuständen, zu denen sich, bezogen auf das System Ta-Ta_2O_5-MnO_2, in der Literatur Anhaltspunkte finden. Bei niedrigen Feldstärken konzentriert sich der elektrische Strom auf Defekte, während bei höheren E den Hauptstrombeitrag das ungestörte Oxid aufgrund seines größeren Anteils an der Gesamtfläche liefert. Die Defekte modifizieren die I-U-Kennliniencharakteristik, insbesondere aber auch die Durchschlagsphänomene. Die Tabelle 11 liefert Literaturangaben zu Untersuchungen des Durchschlagsverhaltens relevanter Systeme, die aber nicht immer von der primären Defektwirkung ausgehen.

Ein theoretisches Modell der Durchschlagsfeldstärke E_D kovalenter bzw. heteropolarer Dielektrika wurde in /103/ entwickelt, indem die Elektron-Phonon-Wechselwirkung als fundamentaler inelastischer Stoßmechanismus amorpher Strukturen durch ein Konzept von Dichtefluktuationen berücksichtigt worden ist. Die Übereinstimmung mit experimentellen Ergebnissen an MOM-, MOE-($\mathcal{E}$ flüssiger Elektrolyt) und MOFE-Systemen ist zufriedenstellend /104/, /105/. Obgleich die makroskopischen dielektrischen Eigenschaften amorpher Oxide im allgemeinen gut bekannt sind, ist der Kenntnisstand bei den mikroskopischen Polarisations- und Energieverlustmechanismen in Relation zur Schichtreal-

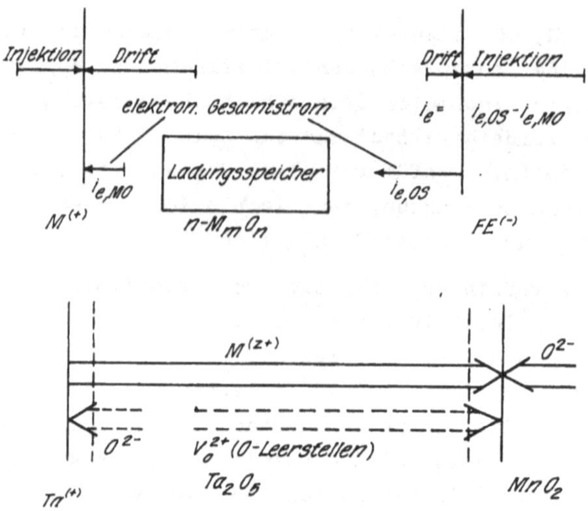

a) Ladungsspeicherung entsprechend der Gesamtstrombilanz und Oxidwachstum durch Ionenleitung (schematisch)

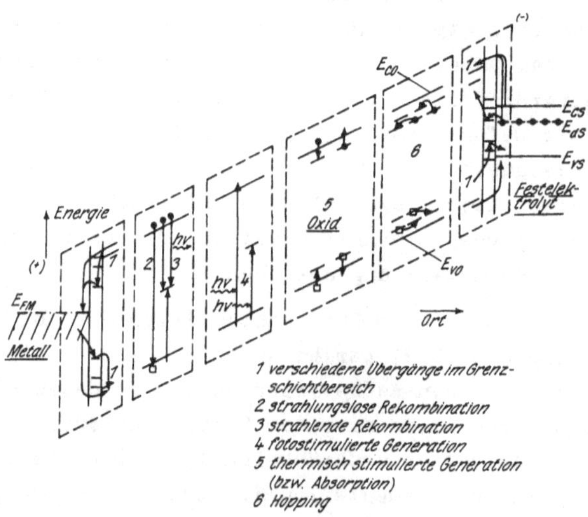

b) elektronische Ladungstransportmechanismen (schematisch)

Bild 25: Elektronische und ionische Transportphänomene der MOFE-Heterostruktur

Tabelle 11: Übersicht zu Untersuchungen von Durchschlagsphänomenen

System	durchschlagsbegünstigender Effekt/Einfluß	Literatur
Al-SiO_2-Si	Na-Ionen erniedrigen Barrieren bzw. erhöhen lokale Feldstärken; Kanaleffekte (möglicherweise aktiviert durch Feuchte und/oder Defekte); Effekte der Trapionisation; Barrierenerniedrigung durch Grenzflächenzustände	/93/
Al-Al_2O_3-Si	Elektrodeneffekte, Ionenbeweglichkeit	/94/
Ta-Ta_2O_5 (anodisch)	Elektrolyteinbau; kristallines Ta_2O_5; metallurgische Verunreinigungen der Ta-Elektrode; Elektrolytart und -leitfähigkeit (elektr.); thermische Oxidleitfähigkeit	/95/, /96/, /97/, /98/
Ta,$M^{(1)}$-Ta-$M^{(1)}$-Oxid (anodisch) - flüss.Elektrolyt		
Ta-Ta_2O_5 (anodisch, reaktiv aufgestäubt) -$M^{(2)}$	Kanaleffekte; Defekte; Elektrodeneffekte	/99/
Ta,$M^{(1)}$(aufgestäubt) - Ta,$M^{(1)}$-Oxid (anodisch)- $M^{(2)}$	"	/100/
Ta(N,C)-Ta(N,C)-Oxid (anodisch)- $M^{(2)}$	"	/101/
M-M_mO_n-MnO_2, PbO_2	Defekte; begrenzter Selbstheileffekt (insbes. mit $M^{(+)}$)	/36/, /102/

struktur einschließlich der atomaren Fehlordnung und in Beziehung zur Energiebandstruktur einschließlich der Rolle von Heterobarrieren noch sehr lückenhaft. Der Betriebsfrequenzbereich von Festelektrolytkondensatoren beschränkt sich bei normaler Anwendung auf f = 0 bis 0,1 GHz, sieht man von höheren Grenzfrequenzen bei Dünnschichtstrukturen ab. In diesem f-Bereich, insbesondere bei $f <$ bzw. $\ll 1$ bis 10 Hz überlagern sich den elastischen Polarisationsbeiträgen (Elektronen-, Ionen- und Dipolpolarisation mit räumlicher Fixierung der Dipollage) bestimmte "nichtelastische" Komponenten. Es sind dies an Punktdefekte bzw. an Elektronenzustände gekoppelte ionische bzw. elektronische Dipolkomponenten, die thermisch und/oder durch das elektrische Feld angeregte Ladungsträgerplatzwechsel entstehen. Der Platzwechsel versteht sich als Kopplung nah- bzw. ferngeordneter Einfangstellen, die entsprechend den Ausführungen in vorangegangenen Abschnitten gerade in den interessierenden amorphen Oxiden in großer Zahl vorhanden sind. Man muß die Wechselwirkungsreversibilität zweier Einfangstellen nicht zur notwendigen Bedingung für einen merklichen Wechselfeldpolarisationsbeitrag erheben, wenn man von einer hohen Dichte potentieller Zentren überhaupt ausgeht. Bei semiklassischer Betrachtungsweise erhält man nach /105/ für die nichtelastische Ionenpolarisierbarkeit α_I eines Systems mit Teilchen der Ladung q und einer festen Sprungdistanz der Einfangzentren a den Ausdruck

$$\alpha_I = \frac{q^2 a^2}{12\, kT} \left[1 - \exp\left(-\frac{t}{\tau}\right)\right]. \tag{27}$$

Die feldstärkeabhängige Relaxationszeit τ läßt sich für kleine E entwickeln:

$$\tau(E) \approx \tau_o \left[1 - \frac{1}{8}\left(\frac{q\delta E}{kT}\right)^2\right]. \tag{28}$$

τ_o ist die Relaxationszeit bei E = 0.

Aus (27) und (28) liest man in Übereinstimmung mit der experimentellen Erfahrung neben der nichtlinearen E-Abhängigkeit einen bedeutenden T-Einfluß ab. Die nichtelastischen Polarisationskomponenten sind gerade im Hinblick auf die zulässigen Grenzen der Betriebsbelastungsparameter T und E signifikant.

(27) und (28) gelten in erster Näherung auch für elektronische Platzwechseldipole, doch wird man bei exakter Betrachtung auf quantenmechanische Formalismen zurückgreifen müssen. Elektronische und ionische Dipole des "nichtelastischen" Typs sind selbstverständlich nicht voneinander unabhängig, was die Auswertung entsprechender Untersuchungen erschwert, doch fördern obige Vorstellungen mehr als nur das rein qualitative Verständnis.

Bei vielen der relevanten Dielektrika, die nachweislich eine hohe Dichte dieser "langsam beweglichen" Ladungsträger enthalten, ist nach /107/ die komplexe Dielektrizitätskonstante $\hat{\varepsilon} \equiv \varepsilon' - i\varepsilon''$ frequenzabhängig mit $\varepsilon''(f) \sim \varepsilon'(f) \sim f^{n-1}$, wobei $0{,}6 < n < 0{,}9$. Damit wird der dielektrische Verlustfaktor des Oxides näherungsweise f-unabhängig: $\tan \delta_0 = \varepsilon''(f) / \varepsilon'(f) \approx$ konst., wie es Bild 26 am experimentellen Beispiel belegt. Als Einfangzentrum im oben Sinne gelten auch die Phasengrenzen. Sie sollten bei Fehlen punktförmiger Einfangzentren den dominierenden "inelastischen" Polarisationsbeitrag liefern. Nach /107/ gilt in diesem Grenzfall $n \to 0$. Tritt demgegenüber bei kleinen f ein $\tan \delta_0$-Maximum auf, so hat man es mit elastischen Dipolen zu tun. Für den Temperaturkoeffizienten der Kapazität von Dünnschicht-Oxidkondensatoren findet man in der Literatur /109/, /110/

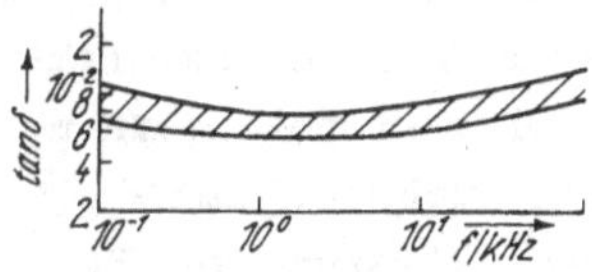

Bild 26: Verlustfaktor (Streuband) von Ta-Ta_2O_5-Au-Dünnschichtstrukturen in Abhängigkeit von der Frequenz /108/

$$\gamma_{TC} = \frac{(\varepsilon - 1)(\varepsilon + 2)}{\varepsilon}(a^* - b^* \lg \varepsilon) + c^* + d^* \tan \delta_0 . \qquad (29)$$

a^*, b^*, c^*, d^* Konstanten

Dies ist bei Elektrolytkondensatoren eine unzulässige Näherung, da der Widerstandsbeitrag der Elektroden nicht verschwindet (vgl. Abschn. 3).

Bei Berücksichtigung aller schnellen elastischen (P und E in Phase) und der mit Relaxationszeiten τ_k gekennzeichneten nichtelastischen Ausgleichsprozesse sowie der durch hohe Ionenströme

i_{ion} generierten strukturellen Polarisationsbeiträge erhält man nach /88/ für die zeitliche Polarisationsänderung drei Terme:

$$\frac{dP}{dt} = \sum_{i=1}^{n_1} \varepsilon_o \varepsilon_i \frac{dE}{dt} + \sum_{k=n_1+1}^{n_2} \frac{1}{\tau_k} (\varepsilon_o \chi_k E - P_k) + \sum_{k=n_1+1}^{n_2} B_k i_{ion} \cdot (\varepsilon_o \chi_k E - P_k) \quad (30)$$

ε_o Influenzkonstante, χ Suszeptibilität, B Konstante

Diese Funktion ist u. a. bedeutsam für das Verständnis der Einschaltvorgänge bei Elektrolytkondensatoren.

2.2.5 Stabilisierung der MOFE-Struktur durch Selbstheileffekte

Der Selbstheileffekt hat bei Kondensatoren eine fundamentale Bedeutung für die elektrische Strukturstabilisierung. Die bei Dünnschicht- und metallisierten Foliekondensatoren bekannten Effekte, die im wesentlichen auf einem "Wegbrennen" eines Elektrodenbereiches in Defektumgebung durch lokale, temporäre Energiekonzentration beruhen, sind grundsätzlich auch bei Dünnschicht-MOFE-Strukturen mit Metallschichtkontaktierung von Bedeutung. Doch soll hier nur auf den spezifischen Selbstheileffekt des Festelektrolyten eingegangen werden. Bei FE-Bauelementen sind folgende Grundphänomene bekannt:

a) Stabilisierung eines kurzzeitig erhöhten Reststromes auf einem niedrigeren I_R-Niveau,

b) Erhöhung des Reststromes auf ein relativ hohes (bis zu einigen mA), jedoch dann stabilisiertes I_R-Niveau,

c) irreversibler Durchschlag ohne I_R-Stabilisierung.

Bild 27 zeigt eine Schar von I_R-Kurven mit unterschiedlichen Ausgangspegeln (Defektgraden), die an $Ta-Ta_2O_5-MnO_2$-Kondensatoren mit Ta-Sinteranode im Hochvakuum ($6{,}7\ 10^{-3}$ Pa) in Abhängigkeit von der Anzahl n_I von kurzzeitigen Impulsbelastungen bis zum Durchschlag gemessen worden sind. Sie geben im wesentlichen das für Langzeitbelastungen typische I_R-Verhalten in zeitgeraffter Form wider und stehen mit den Aussagen a) bis c) im Einklang.

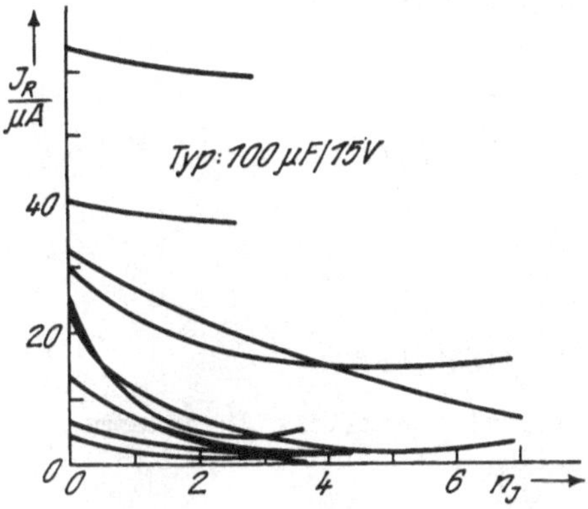

Bild 27:
Impulsnachformierung von Ta-Ta_2O_5-MnO_2-Kondensatoren mit unterschiedlichem I_R-Ausgangspegel

In Auswertung der Literatur /114/, /112/ und eigener Untersuchungen (z.B. /78/) scheint folgende Erklärung plausibel. Bei Anlegen eines elektrischen Feldes mit $Ta^{(+)}$ diffundieren Sauerstoffleerstellen und Ta-Ionen auf "Zwischengitterplatz" im Ta_2O_5 zur Grenzfläche Ta_2O_5/MnO_2 und bauen dort eine positive Raumladung auf, da die Grenzschicht zunächst den Übertritt (auch des Sauerstoffs aus dem MnO_2) blockiert. Die damit generierten positiven Einfangzentren in Verbindung mit dem starken, lokalen elektrischen Feld rufen einen elektronischen Injektionsstrom über die Grenzschicht hervor (z.B. Tunnelprozeß aus Donatoren im MnO_2 in Grenzschicht-Traps im Ta_2O_5). Durch thermisch aktivierte Feldemission aus den Traps gelangen die Elektronen in einen leitenden Bandbereich des Ta_2O_5, womit sich der Gesamtstrom I_{ges} über die Struktur aus einem Elektronen- (I_{el}) und einem Ionenanteil (I_{ion}) zusammensetzt:

$$I_{ges} = I_{el} + I_{ion}. \tag{31}$$

Wie das Bild 28 schematisch veranschaulicht, wird dieser Prozeß zeitabhängig aktiviert, solange $I_{ion} > 0$, da, ausgehend von einer anfänglichen Grenzschichtbarriere ϕ_o ohne positive Einfangzentren, die Barriere $\phi(t)$ für die getrappten Elektronen durch weiteren Aufbau der positiven Raumladung im Zeitablauf abnimmt. Entsprechend der POOLE-FRENKEL-Theorie gilt damit

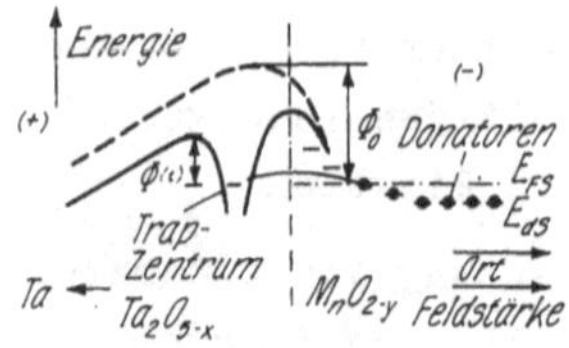

Bild 28: Schematische Darstellung des Aktivierungsprozesses in der Grenzschicht Oxid/Festelektrolyt

$$I_{el} = I_{o,el} \exp\left[e\beta' E^{\frac{1}{2}} - \phi(t)\right]/kT. \qquad (32)$$

$I_{o,el}$ Konstante, β' Koeffizient

Setzt man nach /14/

$$\phi(t) = \phi_o - \text{konst.}\,(I_{ion}\, t), \qquad (33)$$

d. h., mit der Raumladung proportionale zeitliche ϕ-Abnahme, so folgt wegen (s. Abschn. 4.2)

$$I_{ion} = I_{o,ion} \exp\left(\frac{\gamma' E - W}{kT}\right) \qquad (34)$$

$I_{o,ion}$, γ' Konstanten, W Platzwechselbarrierenhöhe ohne Feld

nach Einsetzen von (34) in (33) aus (32) und (33)

$$\lg I_{el}/I_{o,el} = e\,\beta' E - \phi_o + \text{konst.}\left[I_{o,ion}\, t_{\exp}(\gamma' E - W)/kT\right]. \qquad (35)$$

d.h., eine durch I_{ion} gesteuerte zeitabhängige I_{el}-Zunahme. Dies hätte eine irreversiblen Durchschlag zur Folge, wenn nicht der ionische Polarisationsstrom durch einen endlichen Ionenstrom I_{Gr} (z. B. Sauerstoff aus dem MnO_2) über die Grenzschicht teilweise kompensiert würde (s. (21)):

$$I_p = I_{ion} - I_{Gr}. \qquad (36)$$

I_p Gesamtpolarisationsstrom

I_{Gr} führt unter Beteiligung von Ta-Ionen in der Raumladungszone gleichzeitig zu einem Dickenwachstum des Ta_2O_5 entsprechend Bild 5a. (Die teilweise Lokalisierung dieses Phänomens erkennt man visuell an Bereichen unterschiedlicher Interferenzfarben an regenerierten Oxidelektroden). Außerdem ist damit eine partielle Reduktion des Festelektrolyten zu MnO_{2-x} und schließlich isolierendem Mn_2O_3, Mn_3O_4 bzw. MnO verbunden, sofern nicht hohe T bzw. p_{O_2} dies ausschließen (s. Abschnitt 2.2.3). Der temporäre Stillstand (Selbstheileffekt) der Aktivierungsreaktion beruht demzufolge auf folgenden komplexen, teilweise gegenläufigen Effekten:

a) E-Abnahme im Ta_2O_5 durch d_0-Zunahme (Auswirkung umso stärker, je kleiner die anfängliche Oxiddicke; erhöhte T und p_{O_2} begünstigen das Dickenwachstum),
b) E-Abnahme im Grenzschichtbereich durch teilweise Raumladungskompensation (damit Injektionsstromabnahme),
c) Erhöhung des OHMschen Widerstandes des Festelektrolyten durch den zusätzlichen Spannungsabfall über der Reduktionszone (Spannungsabfall steigt mit zunehmendem I_{el}).

Verunreinigungen in der Ta_2O_5/MnO_2-Grenzschicht, Verunreinigungen und Artefakte im Ta_2O_5, injizierende Kontakte (z. B. Direktkontakt von Kontaktiermetallen über durchgehende Poren des MnO_2) sowie die Degradationsreaktion in der Ta/Ta_2O_5-Grenzschicht (vgl. Abschn. 2.2.1) beeinträchtigen den Selbstheileffekt /113/. Die Aktivierungsreaktion und der Selbstheileffekt sind heterostrukturspezifisch. Man hat die Besonderheiten eines beliebigen M/M-Oxid/FE-Systems daher stets sorgfältig zu analysieren.

2.3 Kompositkonzept der Kondensatorstruktur

Die Theorie heterogener Gemische gilt dort, wo bestimmte abgegrenzte Strukturelemente (Gemischkomponenten) zumindest so groß sind, daß ihnen eine spezifische Eigenschaft zugeschrieben werden kann und der Begriff einer Bereichsgrenze noch einen physikalischen Sinn hat. Diese Eigenschaft besitzen disperse Phasengemische, die definiert sind durch Kenngrößen der Einzelphasen und des Komposites:

- Art bzw. Aggregatzustand (und damit die zugehörigen Materialkonstanten),
- Volumenanteile,
- äußere Geometrie,

- Strukturfaktoren (Abmessungs-, Form-, Anisotropie-, Periodizitätsfaktoren, Verteilungsfunktionen),
- Phasengrenzschichteigenschaften und Eigenschaftskopplung mit Nachbarphasen (Korrelationsfunktionen).

Ziel der Theorie ist die Berechnung der effektiven Eigenschaftsreaktionen des Kompositsystems auf bestimmte physikalische Eingangsparameter, um damit Rückschlüsse auf die Kenngrößen der Einzelkomponenten bzw. des Phasenensembles ziehen zu können.

Die Festelektrolyt-Kondensatorstruktur und ihre Teilkonstituenten geben eine ganze Reihe von Ansatzpunkten zur Behandlung vom Standpunkt dieses Kompositkonzeptes aus, wie die in Tabelle 12 aufgeführten Kompositvarianten zeigen.

Die Begriffe der Matrix bzw. Einschlußphase beziehen sich auf die Phase mit dem größeren bzw. kleineren Volumenanteil. Da die aufgeführten Strukturvarianten diese Unterscheidung nicht immer eindeutig zulassen, soll auch die Bezeichnung Komponente für die Zweitphasen gelten.

Bedeutsam für die **Theorie** ist die erstmals von WIENER /114/ erkannte Tatsache, daß das Mischkörpergesetz, das die Kompositeigenschaft beschreibt, auf alle weiteren Eigenschaften zutrifft, die dem Grundgesetz der stationären Strömung gehorchen bzw. von diesem abgeleitet werden können. Zu diesen zählen insbesondere lineare Transportphänomene (z.B. $\varkappa, \lambda$). Unter Hinweis darauf, daß sogenannte "feldleitende" Eigenschaften wie ε, μ_m (μ_m magnetische Permeabilität) nach TORKAR /115/ eine Sonderstellung einnehmen, faßt dieser Autor die experimentelle Erfahrung binärer Phasengemische in dem Ausdruck

$$\frac{\gamma - \gamma_2}{\gamma + K_1} = \frac{\gamma_1 - \gamma_2}{\gamma_1 + K\gamma_1} \, v_1 \tag{37}$$

mit

$$v_1 = 1 - v_2 \tag{38}$$

zusammen, der sich bei vielen Systemen zur Beschreibung der effektiven Transporteigenschaften γ praktisch bewährt hat. γ hat man darin z. B. gleich $\varkappa$ als effektiver elektrischer Leitfähigkeit zu setzen, während K einen Strukturfaktor darstellt, der im allgemeinen zunächst nicht bekannt ist. Die γ_i

Tabelle 12: Kompositsysteme bei Elektrolytkondensatoren und bevorzugte Zielparameter der theoretischen Behandlung

System	Matrix	Komponenten/Einschlußphasen				Zielparameter		
		Poren	Leiter	Halbleiter/ Elektrolyt	Isolator	$\varkappa, \varrho$	ε	$\tan\delta$
(1) poröse M-Elektrode	M (Al, Nb, Ta)	x				x		
(2) Oxiddielektr.	M-Oxid	x				x	x	x
(3) "	"	x		Festelektrolyt (MnO_2)		x	x	x
(4) "	"	x		flüss. Elektrolyt (H_2SO_4)		x	x	x
(5) "	$M^{(1)}$-Oxid	x			$M^{(2)}$-Oxid	x	x	x
(6) Katoden-/Kontaktierbelag	$ß-MnO_2$	x				x		
(7) "	"	x			Mn_2O_3	x		
(8) "	"	x	Graphit			x		
(9) "	"	x	M (CU)			x		
(10) "	"	x			Zusatz (Glas)	x		
(11) "	org. HL (TCNQ)	x			Zusatz (Kopolymer)	x		
(12) lötfähig. Kontaktierbel.	M (Ag, Cu)	x				x		
(13) Graphit-Belag	Graphit	x				x		
(14) beschichtete poröse Oxidelektrode	poröse M-Anode	x		Elektrolyt-Katode	Dielektrikum	x	x	x

sind die Kenngrößen (v_i Volumenanteile) der Matrix- bzw. Einschlußphase. Die theoretische Entwicklung fand in dem Konzept der effektiven Medien insbesondere in der Anwendung des Variationsprinzips von HASHIN und SHTRIKMAN /116/, nach dem die oberen und unteren Grenzen der effektiven physikalischen Größe abgesteckt werden können, erfolgreiche Ansatzpunkte, um auch solche Feldparameter wie ε berechnen zu können.

Berücksichtigt man außer den Dielektrizitätskonstanten ε_1, ε_2 eines binären Phasengemisches nur die Volumenanteile v_1, v_2, so werden folgende obere und untere Grenzen der Dielektrizitätskonstante ε des Komposites angegeben ($\varepsilon_2 > \varepsilon_1$):

$$\varepsilon^{(+)} = \varepsilon_2 + \frac{v_1}{\frac{1}{\varepsilon_1-\varepsilon_2} + \frac{v_2}{3\,\varepsilon_2}}, \tag{39}$$

$$\varepsilon^{(-)} = \varepsilon_1 + \frac{v_2}{\frac{1}{\varepsilon_2-\varepsilon_1} + \frac{v_2}{3\,\varepsilon_1}}. \tag{40}$$

Als triviale Anisotropie-Grenzfälle der Komposittheorie bei verschwindender Phasenkorrelationsfunktion müssen sich die aus der Elektrotechnik bekannten kapazitiven und resistiven Parallel- bzw. Serienschaltungen ergeben (vgl. Tabelle 13).

Tabelle 13: Gegenüberstellung von Ersatzschaltungen und Kompositeigenschaften anisotroper binärer Phasengemische

Struktur	Ersatzschaltung		Kompositeigenschaft	
	kapazitiv	resistiv	elektrisch	dielektrisch
	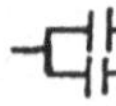 $C = \sum_i C_i$	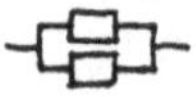 $\frac{1}{R} = \sum_i \frac{1}{R_i}$	$\frac{1}{\varrho} = \frac{v_1}{1} + \frac{v_2}{\varrho_2}$ $\varkappa = \varkappa_1 v_1 + \varkappa_2 v_2$	$\varepsilon = \varepsilon_1 v_1 + \varepsilon_2 v_2$
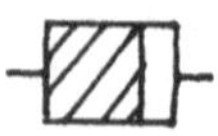	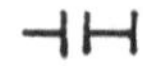 $\frac{1}{C} = \sum_i \frac{1}{C_i}$	 $R = \sum_i R_i$	$\varrho = \varrho_1 v_1 + \varrho_2 v_2$ $\frac{1}{\varkappa} = \frac{v_1}{\varkappa_1} + \frac{v_2}{\varkappa_2}$	$\frac{1}{\varepsilon} = \frac{v_1}{\varepsilon_1} + \frac{v_2}{\varepsilon_2}$

Zur Behandlung verlustbehafteter Kapazitäten waren in der Komposittheorie zunächst einige Schwierigkeiten zu überwinden. Doch fanden sich z. B. nach /117/ auf der Basis der Theorie effektiver Medien folgende Ansatzpunkte zur Überwindung des Problems im Fall kleiner Verlustfaktoren $\tan \delta_i = \varepsilon_i''/\varepsilon_i'$ der Einzelphasen i = 1,2. Bei sinusförmiger Zeitabhängigkeit des elektrischen Feldes macht man für die effektive Dielektrizitätskonstante des binären Phasengemisches den komplexen Ansatz

$$\hat{\varepsilon} = f(\hat{\varepsilon}_1, \hat{\varepsilon}_2) \equiv \varepsilon' - i\,\varepsilon''. \tag{41}$$

$\hat{\varepsilon}_1, \hat{\varepsilon}_2$ sind die als bekannt vorausgesetzten komplexen Dielektrizitätskonstanten der Einzelphasen. Wegen des Korrespondenzprinzips ist die Annahme erlaubt, daß f die gleiche Funktion wie für den reellen Fall mit identischer Phasengeometrie ist. Die Entwicklung von $\hat{\varepsilon}$ in einer TAYLOR-Reihe um den Punkt $\hat{\varepsilon}_1 = \varepsilon_1'$, $\hat{\varepsilon}_2 = \varepsilon_2'$ liefert

$$\hat{\varepsilon} \approx f(\varepsilon_1', \varepsilon_2') + \frac{\partial f}{\partial \varepsilon_1'}(-\,i\,\varepsilon_1'') + \frac{\partial f}{\partial \varepsilon_2'}(-i\,\varepsilon_2''), \tag{42}$$

worin die Glieder höherer Ordnung wegen $\tan \delta_i \ll 1$ entfielen. Gleichsetzen der Real- und Imaginärteile von (41) und (42) ergibt

$$\tan \delta \equiv \frac{\varepsilon''}{\varepsilon'} \approx \frac{\frac{\partial f}{\partial \varepsilon_1'}\varepsilon_1'' + \frac{\partial f}{\partial \varepsilon_2'}\varepsilon_2''}{f(\varepsilon_1', \varepsilon_2')}. \tag{43}$$

Reale Festelektrolyt-Kondensatorstrukturen geben eine Reihe von Ansatzpunkten zur Behandlung entsprechend dem Kompositkonzept. In Tabelle 12 sind Phasensysteme aufgeführt, die als binäre bis quarternäre Teilkomposite aufgefaßt werden können, um bestimmte, für die elektrische Bauelementefunktion bedeutsame Zielparameter zu berechnen bzw. abzuschätzen. Darin sind gasgefüllte Poren, z. B. mit $\varkappa_p \approx 0$ und $\varepsilon_p \approx 1$ (p Index zur Kennzeichnung der Poreneigenschaft) berücksichtigt. Obgleich in der Literatur eine große Zahl theoretischer Beziehungen vorhanden ist, die zwar z. T. bereits Strukturfaktoren enthalten, jedoch die Eigenschaftskopplung beispielsweise über die Grenzschichtparameter noch ungenügend erfaßt wird, sollen die Gleichungen (37) bis (40) sowie Tabelle 13 für einige qualitative und quantitative Betrachtungen verwendet werden.

a) Bahnwiderstand einer porösen Metallanode

Für den radialen Bahnwiderstand R_M einer zylindrischen Metallanode mit eingebettetem axialen Anodendraht erhält man

$$R_M = \frac{\varrho_M}{2\pi H} \ln \frac{R}{r_o} . \qquad (44)$$

Es bedeuten: ϱ_M effektiver spezifischer Widerstand des porösen Metallgerüstes, R,H Radius bzw. Länge des Anodenzylinders, r_o Radius des durchgehenden Anodendrahtes.

Aus (37) folgt

$$\varrho_M = \varrho_M^K \frac{K_M + p}{K_M(1-p)} . \qquad (45)$$

Darin sind ϱ_M^K spezifischer Widerstand des kompakten Metalls, p Porosität der Anode, K_M Strukturfaktor des Metallgerüstes.

Aus (44) und (45) folgt mit dem Zahlenbeispiel R = 0,5 cm, H = 0,2 cm, r_o = 0,05 cm, p = 0,5, K_M = 0,6 und $\varrho_M^K = 1{,}25 \cdot 10^{-5} \Omega$cm, daß $R_B = 8{,}4 \cdot 10^{-5} \Omega$.

b) Bahnwiderstand eines porösen leitfähigen Metallbelages

Der Metall-Belag sei als Hohlzylinder vom Außenradius R, der Länge H und der Schichtdicke d_M aufgefaßt ($d_M \ll R$). Bei Betrachtung in axialer Richtung ergibt sich

$$R_B \approx \varrho_B \frac{H}{2\pi R d_M} . \qquad (46)$$

Das Zahlenbeispiel lautet H = 1,2 cm, R = 0,5 cm, d_M = 3 μm, p = 0,2, K_M = 0,6 und $\varrho_B^K = 1{,}67 \cdot 10^{-6} \Omega$cm. Daraus folgt $R_B \approx 0{,}014\ \Omega$.

c) Bahnwiderstand des halbleitenden Festelektrolytbelages

Das Kondensatorelement besteht aus einem räumlich vernetzten Metallgerüst, dessen freie Oberfläche vollständig mit einer dünnen Isolatorschicht bedeckt ist (Oxidelektrode), die das Metall von einem ebenfalls räumlich vernetzten, porösen halbleitenden Medium trennt. Die Poren des halbleitenden Mediums sind mit atmosphärischen Gasen gefüllt. Das im Raum völlig isolierte Halbleiterskelett beinhaltet drei Strukturelemente, die durch Strukturfunktionen F_i einen Beitrag zum spezifischen Widerstand ϱ_H des Halbleiters leisten. Es sind dies die interne Realstruktur (F_d), die technologisch bedingte Porosität p_H des Halbleiters (F_p) und die durch das Porensystem der Oxidelektrode vorgegebene Raumstruktur (F_R). Die F-Beiträge werden durch Produktansatz separiert:

$$\varrho_H = \varrho_H^K F_d F_p F_R . \tag{47}$$

ϱ_H^K ist der spezifische Widerstand des kompakten Halbleiters, der alle Realstrukturbeiträge außer dem der Schichtdicke d_H enthalten soll. Die Normierung der F_i erfolgt so, daß $F_d \longrightarrow 1$ für $d_H \longrightarrow \infty$, $F_p \longrightarrow 1$ für $p_H \longrightarrow 0$ und $F_R \longrightarrow 1$ für $v_o \longrightarrow 1$ (Definition von v_o s. unten). Exakte Ausdrücke und Bemerkungen zu F_d unter Berücksichtigung des Size-Effektes finden sich in /26/ und /118/. Hier soll nachfolgend $F_d = 1$ gelten. Die Bestimmung der Strukturfunktionen F_p und F_R geschieht nach der Mischkörperauffassung gemäß (37) in zwei Stufen. Zunächst wird der Mischkörper poröse Oxidelektrode/Halbleiter und dann das Gemisch poröser Halbleiter/Gasraum betrachtet.

Mischkörper poröse Oxidelektrode/Halbleiter:

Es seien V_p das Porenvolumen der porösen Metallanode und V_A ihr Gesamtvolumen ($V_A = \pi R^2 H$ für die zylindrische Anode ohne Draht). Dann ist der Volumenanteil v_o des offenen Porenraumes der Oxidelektrode gegeben durch

$$v_o = v_p - \frac{V_o}{V_A} , \tag{48}$$

wobei

$$v_p = \frac{V_p}{V_A} = p . \tag{49}$$

In (48) bedeutet V_o das Oxidvolumen, und (49) definiert die Porosität der Metallelektrode.

Aus (37) folgt daher der Ansatz

$$F_R = \frac{K_R + 1 - v_o}{K_R v_o} . \tag{50}$$

K_R ist der Raumstruktur-Formfaktor. Mit $V_o/V_A \ll 1$ gilt für hinreichend kleine p $\varrho_H \sim F_R \sim p^{-1}$.

Experimentelle Überprüfung:

Wegen $\tan\delta_{So} \sim \varrho_{Mn}$[1] (vgl. Abschn. 3.2.3) wurde der Zusammenhang $\tan\delta_{So}$ mit p überprüft, indem Ta-Sinterkörper mit sehr unterschiedlichen, metallografisch bestimmten Porositäten p zu Kondensatoren verarbeitet worden sind. Bild 29 zeigt mit Ausnahme weniger Meßpunkte den erwarteten Zusammenhang. (Die metallografischen Untersuchungen wurden mit einem automatischen Lichtmikroskop vom Typ QTM durchgeführt /119/, das die Gesamtporosität $p^* = p + p'$ (p' geschlossene Porosität) mißt. Nach Abschn. 4.1 gilt jedoch in guter Näherung $p' \ll p$).

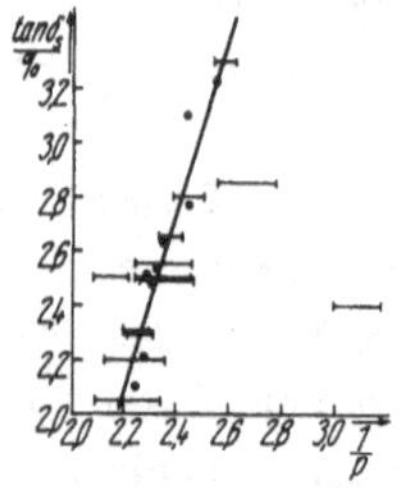

Bild 29: Verlustfaktor von FE-Kondensatoren in Abhängigkeit von der Gesamtporosität der Ta-Elektroden

Mischkörper poröser Halbleiter/Gasraum:

Der Volumenanteil v_H des Halbleiters ist definiert durch

$$v_H = \frac{V_H}{V_p - V_o} . \tag{51}$$

V_H Halbleitervolumen

Aus (37) erhält man

$$F_p = \frac{K_p + 1 - v_H}{K_p v_H} , \tag{52}$$

[1] Diese Korrelation trifft eigentlich nur für hinreichend große ϱ zu, die man experimentell realisieren muß.

woraus für $V_0/V_p \ll 1$ und mit

$$V_H = \frac{M_H}{\mu_H} \qquad (53)$$

M_H Halbleitermasse, μ_H spezifische Dichte des Halbleiters

$$F_p = \frac{K_p + 1 - \frac{M_H}{\mu_H V_p}}{K_p \frac{M_H}{\mu_H V_p}} \qquad (54)$$

folgt. Mit $M_H \ll \mu_H V_p$ gilt

$$F_p \approx \mu_H V_p \frac{K_p + 1}{K_p M_H} \qquad (55)$$

Experimentelle Überprüfung:

M_H ist der MnO_2-Gesamtmasse $M^{(k)}$ gleichzusetzen (vgl. Abschn. 4.3.3). Der Bahnwiderstand R_{Mn} der MnO_2-Schicht in porösen prismatischen Ta-Oxidelektroden wurde entsprechend dem in Abschn. 2.2.3 geschilderten Verfahren (ϱ_{Mn}-Bestimmung nach (2)) in Abhängigkeit von $M^{(k)}$ bei zunehmender Zyklenzahl k für zwei verschiedene mittlere Teilchendurchmesser des Ta-Ausgangspulvers experimentell bestimmt. Nach Bild 30 findet man den theoretisch erwarteten Zusammenhang gut bestätigt (vgl. (47) und (55)).

Mit $d_{Mn} \geq 0{,}4\,\mu m$ und $\varrho_{Mn} \geq 5\,\Omega cm$ und bei Annahme kugelförmiger Poren der Oxidelektrode mit dem mittleren Porendurchmesser $D_p \leq 18\,\mu m$ folgt $v_{Mn} \geq 0{,}13$. Die weiteren Zahlenwerte $p = 0{,}39$, $A_{eff} = 0{,}5\ cm^2$ und $l = 0{,}5$ cm (vgl. (2)) liefern $K_R \approx 1{,}4$ für MnO_2 in der porösen Ta-Oxidelektrode.

d) Porosität des Oxiddielektrikums

In den Betrachtungen unter Pkt. c) wurde die Porosität des Oxides vernachlässigt. (Da das flüssige Mangannitrat in dessen Kapillarporen eindringt, liegt aber nach der Pyrolyse auch dort MnO_2 vor). Wie Bild 31 zeigt, ist die auf das Volumen der

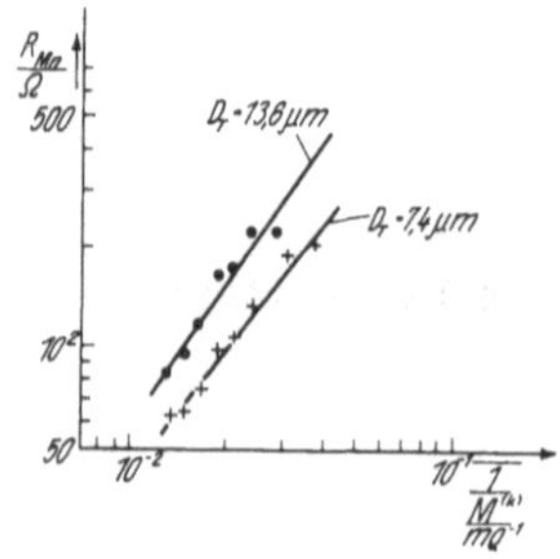

Bild 30:

Bahnwiderstand(R_{Mn})von Manganoxidablagerungen in Abhängigkeit von der gesamten reziproken Manganoxidmasse bei zunehmender Anzahl von Beschichtungszyklen (Parameter: mittlerer Teilchendurchmesser des Ausgangspulvers des Tantalsinterkörpers)

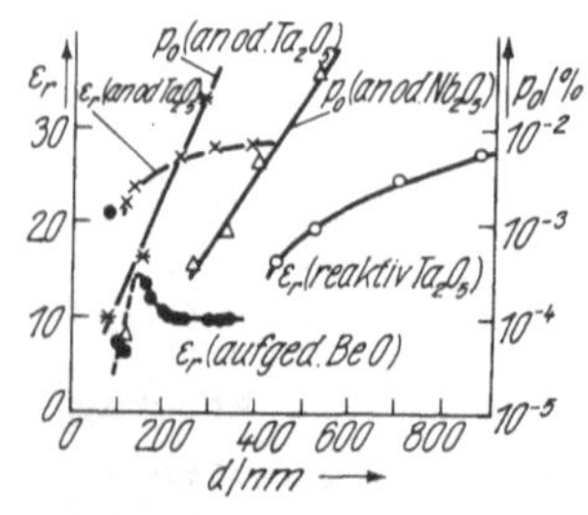

Bild 31:

Abhängigkeit der relativen Dielektrizitätskonstante und der Porosität von der Dicke amorpher Oxidschichten

Oxidschicht bezogene experimentelle Oxidporosität p_O im Oxiddickenbereich d_O = 100 bis 500 nm bei anodischen Nb_2O_5- und Ta_2O_5-Schichten relativ klein /32/. Doch hat man eine Beeinflussung der Dielektrizitätskonstanten zu erwarten. Nach /62/ findet man bei anodischen und reaktiv aufgestäubten Ta_2O_5-Schichten die ebenfalls in Bild 31 dargestellten experimentellen d_O-Abhängigkeiten. Für dielektrische Schichten ist eine ε-Abnahme mit sinkendem d typisch, selbst wenn - wie nach eigenen Untersuchungen an aufgedampften BeO-Schichten zunächst piezoelektrische Effekte einen ε-Pik bei kleinen d hervorrufen /29/ - andere Einflußgrößen die Charakteristik modifizieren, da bei sehr kleinen d entsprechend der Wachstumskinetik dünner Schichten zunächst ein Lückenschichtstadium durchlaufen wird. Andererseits kennt man gerade bei anodischen Oxidschichten eine starke p_O-Zunahme auch im Bereich großer d; dies scheint der experimentelle p_O-Befund im Bild 31 zum Ausdruck zu bringen. Man hat zu beachten, daß zur Interpretation der deutlichen -Abnahme, die schon im Bereich d_O 100 nm vorliegt, d_O-typische Heterostruktur- bzw. Polarisationsmodelle der Oxidschicht hinzugezogen werden.

Setzt man $v_1 = p_O$, $\varepsilon_2 = 28{,}2$ und $\varepsilon_1 = 1$ in (39) und (40) ein, so ergibt sich folgender Zusammenhang:

$p_0\ 10^3$	$\varepsilon^{(+)}$	$\varepsilon^{(-)}$
1,5	28,5	27,8
2,4	28,2	27,6
5,0	28,2	26,9
6,2	28,2	26,6
6,5	28,2	26,5

e) Oxidgemisch-Konzept

In dünnen anodischen Oxiddielektrika können prinzipiell heterogene Phasengemische auftreten (vgl. Bild 7), wenn man Legierungen als Anodenmaterial verwendet. In der Literatur wurden Angaben zu den Systemen Ta-Al /120/, /121/, Ta-Si /91/, /122/ und Ta-Ti /123/ gefunden, die aufgrund exakter Konzentrationsangaben eine Umrechnung auf die entsprechenden Volumenanteile zuließen. Bei gegebener Atomkonzentration $c_A^{(1)}$ der Komponente 1 erhält man

$$v_1^{-1} = 1 + \left(\frac{1}{c_A^{(1)}} - 1 \right) \frac{n_M^{(1)}\, V_{EZ}^{(1)}}{n_M^{(2)}\, V_{EZ}^{(2)}} \tag{56}$$

bzw.

$$v_2^{-1} = 1 + \left(\frac{1}{c_A^{(1)}} - 1 \right) \frac{\mu_1 A_2 \left(1 + \frac{n_O^{(2)} A_O}{n_M^{(2)} A_2}\right)}{\mu_2 A_1 \left(1 + \frac{n_O^{(1)} A_O}{n_M^{(1)} A_1}\right)} \,. \tag{57}$$

Es bedeuten (jeweils bezogen auf das entsprechende Oxid bzw. Kation): $n_M^{(i)}$, $n_O^{(i)}$ Anzahl der Metall- bzw. Sauerstoffionen pro Elementarzelle; $V_{EZ}^{(i)}$ Elementarzellenvolumen; μ_i spezifische Dichte; A_i, A_O Atomgewicht des Metalls bzw. Sauerstoffs. Die experimentellen ε-Werte der zweikomponentigen Oxide wurden auf $\varepsilon_2 = 27$ für Ta_2O_5 (bzw. auf $\varepsilon_2 = 107$ für TiO_2) normiert und über v_1 in Bild 32 aufgetragen. Die Meßpunkte sind jeweils den aus (39) und (40) berechneten Grenzkurven gegenübergestellt. Aus dem Vergleich von Theorie und Experiment ergeben sich Schlußfolgerungen:

Ta - Al

Die Meßwerte von /121/ entsprechen im Bereich $0 < v_1 < 0,2$ dem Kompositkonzept. Meßwerte für $v_1 > 0,2$ und die aus /120/ entnommenen weichen davon ab.

Ta - Si

Alle Daten von /91/ liegen innerhalb der Kompositgrenzen. Ein entsprechender Trend deutet sich nach Zahlenangaben von /122/ für $v_1 > 0,3$ an.

Ta - Ti

Es tritt völlige Abweichung vom Kompositcharakter auf. (Sofern damit bewiesen ist, daß TiO_2 nicht als diskrete Phase, sondern Ta-Ti-Mischoxid vorliegt, kann man möglicherweise die - wenn auch geringe - ε-Abnahme mit steigendem Ti-Gehalt damit deuten, daß die akzeptorische Wirkung des vierwertigen Ti die Hopping-Dipoldichte des Ta_2O_5 reduziert).

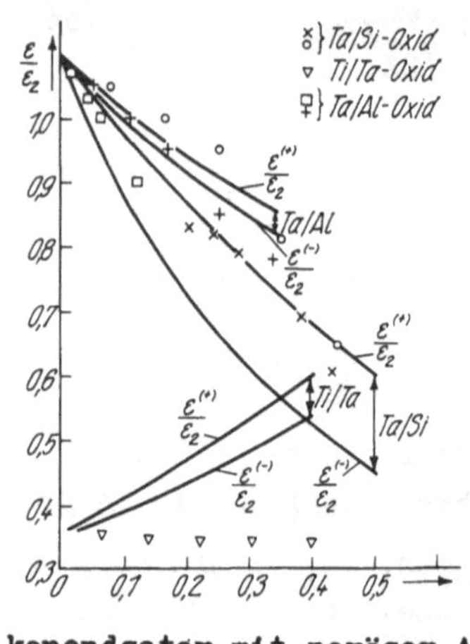

Bild 32:
Reduzierte Darstellung der effektiven experimentellen Dielektrizitätskonstante von binären Oxiden im Vergleich mit den theoretischen oberen und unteren Grenzen gemäß (39) und (40): ε_2 entspricht jeweils der Phase mit der größten Dielektrizitätskonstante im binären Oxid

f) Kompositkonzept der Kondensatorstruktur

Die Theorie der effektiven Medien ist für Zweikomponentensysteme am weitesten fortgeschritten. Der Elektrolytkonendsator mit poröser Anode ist jedoch mindestens ein Vierkomponentensystem, bestehend aus den Anteilen Grundmetall, Oxiddielektrikum, Katodenmedium (z.B. Manganoxidhalbleiter, Flüssigelektrolyt) und gasgefülltem Porenraum, das obendrein eine einschneidende Komplikation insofern beinhaltet, als das Dielektrikum den metallisch leitenden Bereich vollständig von den übrigen Komponenten trennt. Zur Anwendung der vorhandenen theoretischen Modelle ist daher eine Reduktion der Anzahl der Komponenten bei gleichzeitiger Lösung des Problems der vollständigen Phasentrennung durch die Isolatorschicht erforderlich. (Die Möglichkeit der Weiterentwicklung der Theorie effektiver Vielkomponentenmedien soll hier nicht weiter erörtert werden). Dies erscheint in zwei Schritten als durchführbar. In einem ersten Schritt kann man den Porenraum und den Katodenbereich auf ein effektives Teilmedium reduzieren, indem man von der relativ geringen elektrischen Mitwirkung der gasförmigen Komponenten und der Geometrie des Restporenraumes ausgeht. Eine entsprechende Verfahrensweise wurde unter Pkt. c) angewendet. Der zweite Schritt knüpft an eine Rechnung in /124/ an, wonach man für eine oxidbedeckte Metallkugel eine effektive komplexe Dielektrizitätskonstante der Art

$$\hat{\varepsilon}_{M,O} = \frac{2Q^3\,(\hat{\varepsilon}_M - \hat{\varepsilon}_O) + (2\hat{\varepsilon}_O + \hat{\varepsilon}_M)\,\hat{\varepsilon}_O}{2\,\hat{\varepsilon}_O + \hat{\varepsilon}_M - Q^3\,(\hat{\varepsilon}_M - \hat{\varepsilon}_O)} \tag{58}$$

mit den komplexen Dielektrizitätskonstanten $\hat{\varepsilon}_M$, $\hat{\varepsilon}_O$ des Metalls bzw. der Oxidschicht bekommt. Der Geometrieparameter Q hängt mit dem Radius r_K der Metallkugel und der Dicke der umhüllenden Oxidschicht zusammen:

$$Q \equiv 1 - \frac{d_O}{r_K + d_O} \; . \tag{59}$$

Die oxidbedeckte Metallkugel wird als vereinfachtes Modell der Oxidelektrode aufgefaßt. Damit hat man grundsätzlich eine effektive Dielektrizitätskonstante $\hat{\varepsilon}$ des reduzierten Gesamtsystems gemäß dem Ansatz

$$\hat{\varepsilon} = \hat{\varepsilon}(\,\hat{\varepsilon}_I,\ \hat{\varepsilon}_{II},\ v_I,\ v_p) \tag{60}$$

Die Indizees I, II kennzeichnen die Teilkomposite Metall/Oxid bzw. Elektrolyt/Gas. v_I ist der Volumenanteil des Metall/Oxid-Teilsystems und v_p ist der Volumenanteil der Poren in der Oxidelektrode und entspricht daher dem Volumenanteil v_{II} des reduzierten Elektrolyt/Gas-Systems. Mit Hilfe von (60) findet man unter Verwendung der MAXWELLschen Gleichungen schließlich die

Ansätze zur Bestimmung der Kapazitätsdichte und der effektiven Leitfähigkeit.

2.4 Experimentelle Untersuchungen zur Bauelementefunktion

In diesem Abschnitt soll ein Überblick über typische Abhängigkeiten der Bauelementeparameter von f, T und U gegeben werden. Da in /7/ erst kürzlich über die Bauelementefunktion von Elektrolytkondensatoren mit einem Vergleich der Bauformen mit flüssigem und festem Elektrolyt berichtet worden ist, sollen sich die Ausführungen hier auf einige im Kontext wesentliche Aspekte beschränken. Die eigenen Untersuchungen an Tantal-Festelektrolytkondensatoren wurden gezielt z. T. so angelegt, daß die Abhängigkeit von den in Abschn. 2.2.3 diskutierten Parameter im Sinne der Ausführungen in Abschn. 3 herauskamen, um Theorie und Experiment vergleichen zu können (s. Abschn. 3.3). Die Strukturtypen und lokalisierten Parameter sind in den entsprechenden Diagrammen vermerkt.

Bild 33a zeigt die Impedanz Z von zylindrischen (hermetisch dichtes Metallgehäuse) und prismatischen Kondensatoren (Kunststoffgehäuse) unterschiedlicher Typen C_N/U_N (Nennkapazität/Nennspannung) in Abhängigkeit von der Frequenz. Die Resonanzfrequenz f_{res}, die zum Minimum von Z gehört, wächst mit dem Produkt C_N U_N und trennt den kapazitiv-resistiven vom indukti-

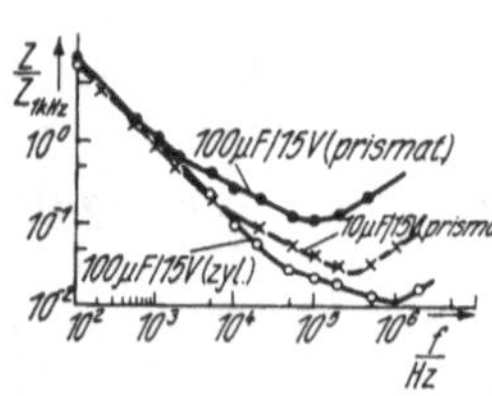

Bild 33a:
Reduzierte Impedanz von Ta-FE-Kondensatoren in Abhängigkeit von der Meßfrequenz

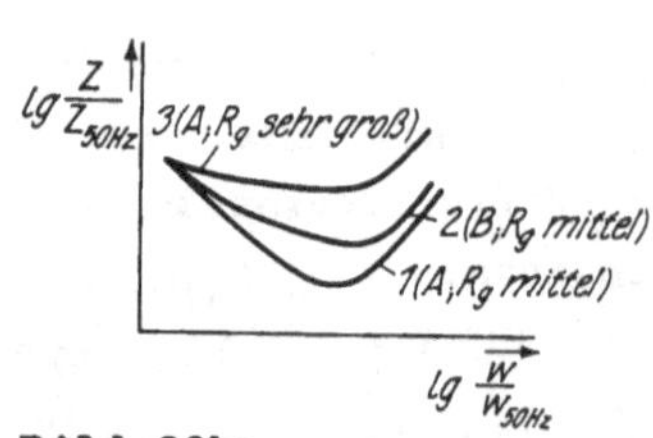

Bild 33b:
Impedanz von FE-Kondensatoren (qualitativ) in Abhängigkeit von der Meßfrequenz: MnO_2-Strukturtyp und R_g als Parameter

ven Bereich, wo die lokalisierte Induktivität L_D der Anschlußdrähte dominiert. Im Bild 33b sind die wichtigsten Z-f-Beziehungen qualitativ für einen konstanten Bauelementetyp gegenübergestellt. Die Kurven im Bild 33a und 2, 3 im Bild 33b zeigen qualitativ identisches Verhalten trotz ungleicher Strukturtypen und Kontaktwiderstände R_g. In den C_S-f- und tan δ_S-f-Kurven treten kritische Frequenzen f_{krit} auf (s. Pfeil im Bild 34), oberhalb deren ein starker Abfall der Serienkapazität zu verzeichnen ist.

C_S und tan δ_S wurden im Bild 34 auf den Meßwert bei f = 50 Hz normiert. f_{krit} entspricht C_S/C_{50} = 0,85. Einen starken Einfluß auf f_{krit} und auf den Betrag von tan δ_S hat die Temperatur (vgl. Bild 34a, c), während nach Bild 34b R_g und der Strukturtyp für $f > f_{krit}$ die f-Charakteristik des Serienverlustfaktors wesentlich bestimmen. Genauere Untersuchungen zeigen, daß C_S bei $f \ll f_{krit}$ nicht konstant ist, sondern Beziehungen der Art $C_S \sim f^{-n}$ genügt. Empirisch wurden bei T = 20 °C und für f = 30 bis 400 Hz n-Werte um 0,02 ermittelt. Berechnet man den Serienwiderstand R_S gemäß

$$R_S = \frac{\tan \delta_S}{2 \pi f C_S} \tag{61}$$

aus C_S- und tan δ_S-Meßdaten, so ergibt sich die im Bild 35 veranschaulichte R_S-f-Charakteristik (Normierung auf R_S bei f = 1 kHz). Überlagert man bei Kleinsignalwechselspannungen mit f = 50 Hz eine Gleichspannung U^-, wobei Plus an der Metallanode liegt ($M^{(+)}$), so stellt man eine U^--Abhängigkeit von C_S und tan δ_S fest. Im Bild 36 sind die entsprechenden normierten Parameteränderungen über der auf die Formierspannung bezogenen überlagerten Gleichspannung aufgetragen. Die Kurvenscharen zeigen asymmetrisches Verhalten (vgl. Abschn. 2.2.2). Ein Vergleich der f-Abhängigkeiten von C_S, R_S, tan δ_S, Z im Bild 37a,b von Ta- und Al-Kondensatoren mit porösen Oxidelektroden sowie MnO_2, organischem Halbleitermaterial bzw. Graphit als festem Katodenbelag und Dünnschichtkondensatoren des Typs Ta,Al-Legierungselektrode, anodische Ta,Al-Oxidschicht und NiCr,Au-

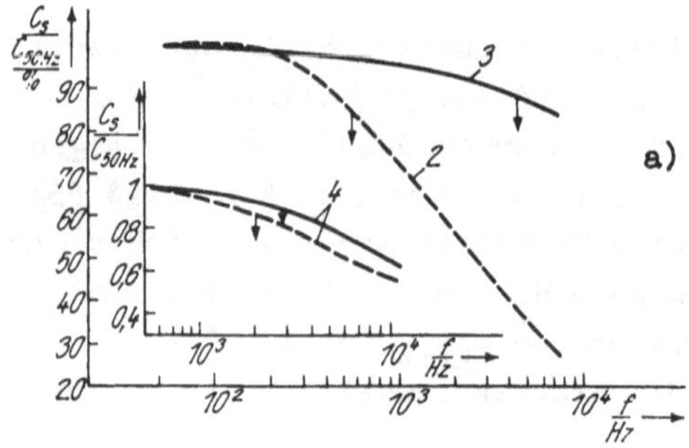

a) Reduzierte Serien-kapazität

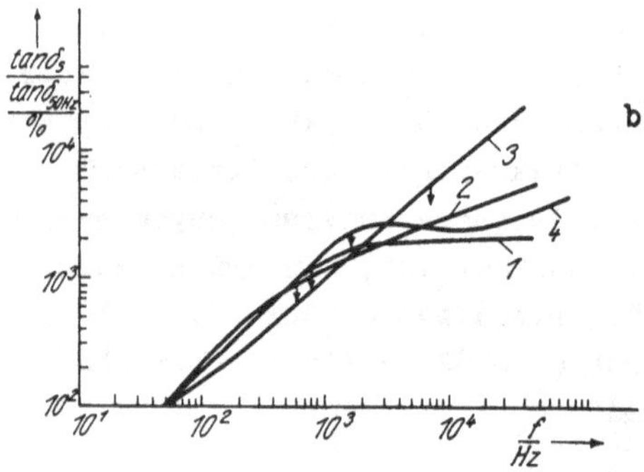

b) Reduzierter Serien-verlustfaktor

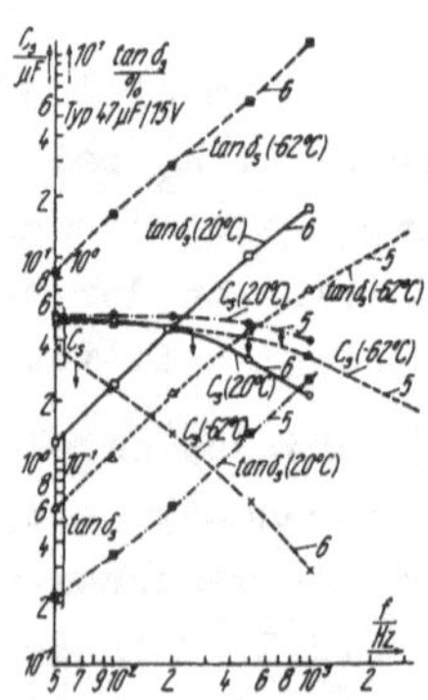

c) Serienkapazität und -verlust-faktor

	MnO_2-Strukturtyp	R_g
1	B - 1	mittel
2	B - 1	groß
3	A - 1	mittel
4	BC - 2	"
5	B	"
6	B	groß

Bild 34:
Bauelementeparameter von Ta-FE-Kondensatoren in Abhängigkeit von der Meßfrequenz: MnO_2-Strukturtyp, R_g und T als Parameter

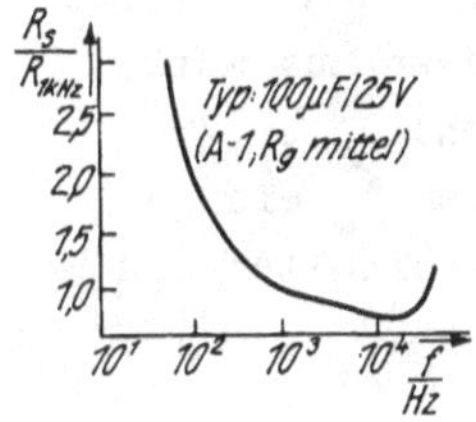

Bild 35:

Serienwiderstand von Ta-FE-Kondensatoren des Typs $C_N = 100\ \mu F/U_N = 25V$

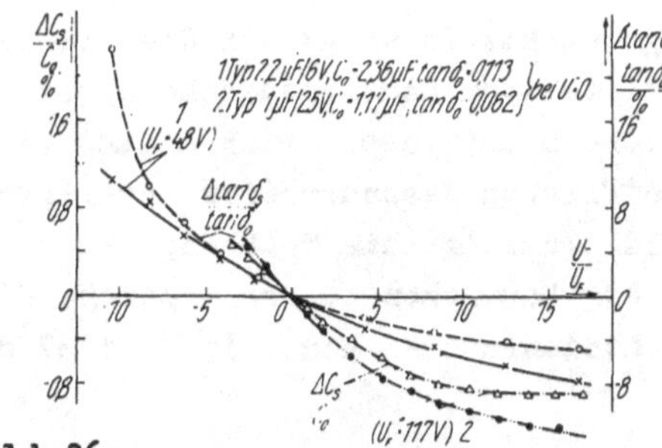

Bild 36:

Serienkapazität und -verlustfaktor (reduziert) von Ta-FE-Kondensatoren zweier Typen in Abhängigkeit von der auf die Formierspannung U_F reduzierten überlagerten Gleichspannung (Meßfrequenz: 50 Hz)

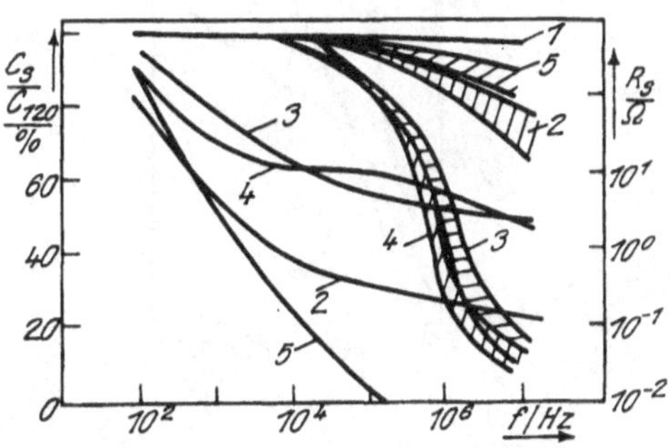

Bild 37a:

Serienwiderstand und reduzierte Kapazität in Abhängigkeit von der Meßfrequenz

1 Al,Ta (7 At%)-Al,Ta-Oxid - NiCr/Au /92/
2 $Al-Al_2O_3$-TCNQ /20/
3 $Al-Al_2O_3-MnO_2$ /20/
4 $Ta-Ta_2O_5-MnO_2$ /20/
5 $Ta-Ta_2O_5$-Graphit /21/

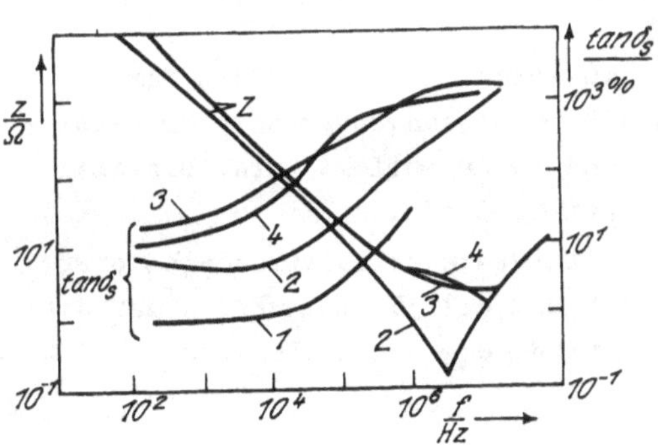

Bild 37b:

Impedanz und Serienverlustfaktor in Abhängigkeit von der Meßfrequenz

Gegenelektrode weist auf die prinzipiellen Ähnlichkeiten der qualitativen Bauelementecharakteristik hin. Die quantitativen Unterschiede lassen sich anhand der konstruktiven und werkstofflichen Besonderheiten erklären (vgl. Abschn. 3).
Bild 37c zeigt die T-Abhängigkeit von C_S und tan δ_S einiger dieser Bauelemente. Das typische Gleichrichterverhalten von FE-Kondensatoren kommt im Bild 37 d heraus.

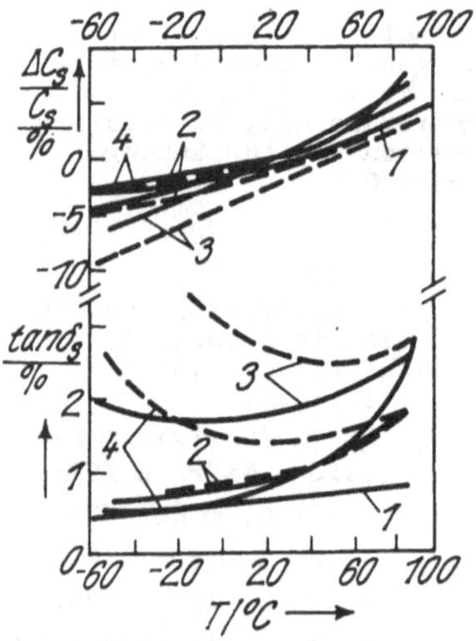

Bild 37c:
Serienkapazität und -verlustfaktor in Abhängigkeit von der Meßtemperatur

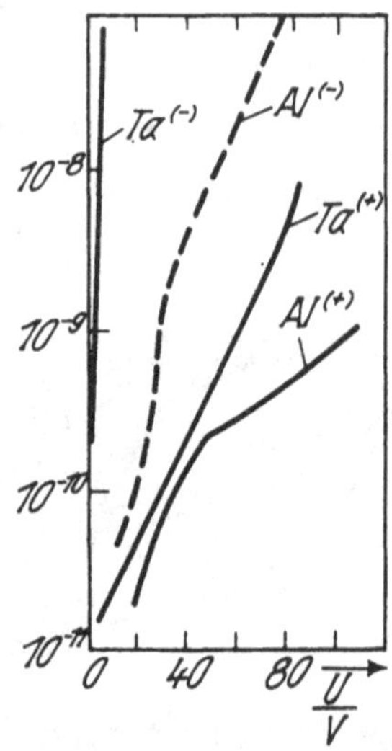

Bild 37d :
Strom-Spannungskennlinien von FE-Kondensatoren beider Polungsrichtungen ($Al-Al_2O_3$-TCNQ; $Ta-Ta_2O_5-MnO_2$)

Eine detaillierte Kennlinienauswertung in /58/ führt für $Ta^{(+)}$ auf $I_R \sim U^n$ mit n $\gtrsim$ 2, was als raumladungsbegrenzte Transportcharakteristik des Oxidvolumens interpretiert wird. Die Aktivierungsenergie betrug 0,47 bei 0,48 eV.
Bei eigenen I_R-U-Messungen an Ta-Festelektrolytkondensatoren der Typen 4,7/15; 22/15; 10/25 und 4,7/35 (in µF/V), auf die hier nicht näher eingegangen wird, ergaben im Bereich

U/U_F = 0,1 bis 0,4 ebenfalls eine raumladungsbegrenzte Charakteristik mit Aktivierungsenergien zwischen 0,2 und 0,7 eV.

Isolationsdefekte und Ausheilprozesse bestimmen bei niedrigen U/U_F die Kennlinie und markieren bei hohen U/U_F den Durchschlagsort.

3. THEORIE DER BAUELEMENTEFUNKTION

3.1 Konzept der lokalisierten und verteilten Parameter

Die Beschreibung mit lokalisierten Parametern hat sich für den Bereich niedriger Frequenzen als ausreichend erwiesen, während der Bereich höherer Frequenzen nur mit dem Modell der verteilten Parameter qualitativ richtig erfaßt wird.

Ausgehend von der Vielzahl der Vorgänge im Bauelement ist die physikalische Ersatzschaltung eine Beschränkung auf das Wesentliche, indem entsprechend der gewählten Betrachtungsweise bestimmte Phänomene herausgegriffen werden. Beispiele der lokalisiert parametrischen Darstellung des Kapazitätselementes in Form zunehmend physikalisch-phänomenologischer Komplexität zeigt Bild 38. Formal enthält die komplexe Impedanz Z (Scheinwiderstand) alle wesentlichen Informationen.

Für die R_S-C_S-Serienschaltung folgt

$$R_S = \mathrm{Re}\, Z \quad , \tag{62}$$

$$C_S = \frac{1}{w\, \mathrm{I\,m}\, Z} \quad , \tag{63}$$

$$\tan{}_S = \frac{\mathrm{Re}\, Z}{\mathrm{I\,m}\, Z} = w\, R_S\, C_S \tag{64}$$

und

$$Z = \sqrt{(\mathrm{Re}\, Z)^2 + (\mathrm{I\,m}\, Z)^2} \; . \tag{65}$$

Die Einführung von Parallelersatzgrößen erfolgt formal in gleicher Weise, wobei man von der komplexen Admittanz Y (Scheinleitwert) ausgeht.

Welche Ersatzgrößen meßtechnisch erfaßt werden, entscheidet das Meßprinzip.

Da die Kondensatorstruktur im gesamten Frequenzbereich OHMsche,

kapazitive und induktive Komponenten enthält, bedeutet die Beschränkung auf eine Serienersatzschaltung von Serienwiderstand R_S und Serienkapazität C_S eine Vernachlässigung der induktiven Komponenten. Der entstehende Fehler ist nur dann vernachlässigbar, wenn der induktive Scheinwiderstand erfahrungsgemäß bzw. aufgrund einer Abschätzung im gegebenen Frequenzband wirklich klein ist. Im folgenden wird dies vorausgesetzt.
Die mit lokalisierten Parametern gewonnenen Erfahrungen sind bei der Einführung des Modells der verteilten Parameter übernommen worden. Die historische Entwicklung der Bauelementetheorie ist in /119/ diskutiert worden, weshalb hier nicht weiter darauf eingegangen wird. Wesentlich für den Schritt von lokalisierten zu verteilten Parametern ist die Erkenntnis, daß insbesondere bei höheren f die räumlich-differentielle Parameterverteilung im Bauelement entscheidend seine Funktion bestimmt. In der Literatur ist man allerdings über eindimensionale Untersuchungen nicht hinausgegangen, gleichgültig, ob es sich um Dünnschicht- oder räumlich vernetzte Strukturen handelte. In Analogie zu Bild 38 veranschaulicht Bild 39 mögliche Varianten mit den eindimensionalen Zellengrößen Δx, die allerdings in der Komplexität der Teilbilder c) bis f) in der Literatur mit Bezug auf FE-Kondensatoren noch nicht behandelt worden sind.

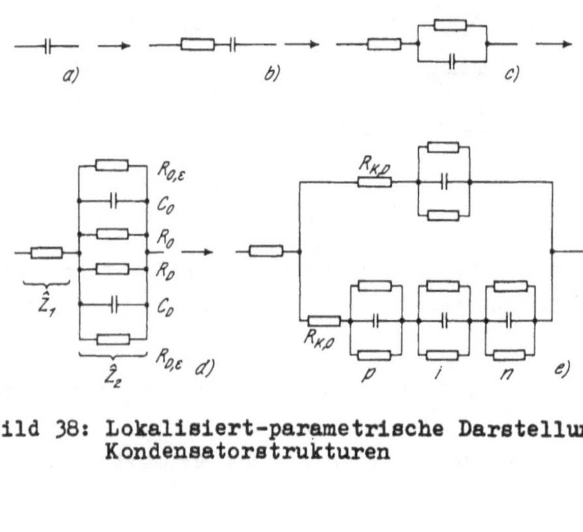

Bild 38: Lokalisiert-parametrische Darstellung realer Kondensatorstrukturen

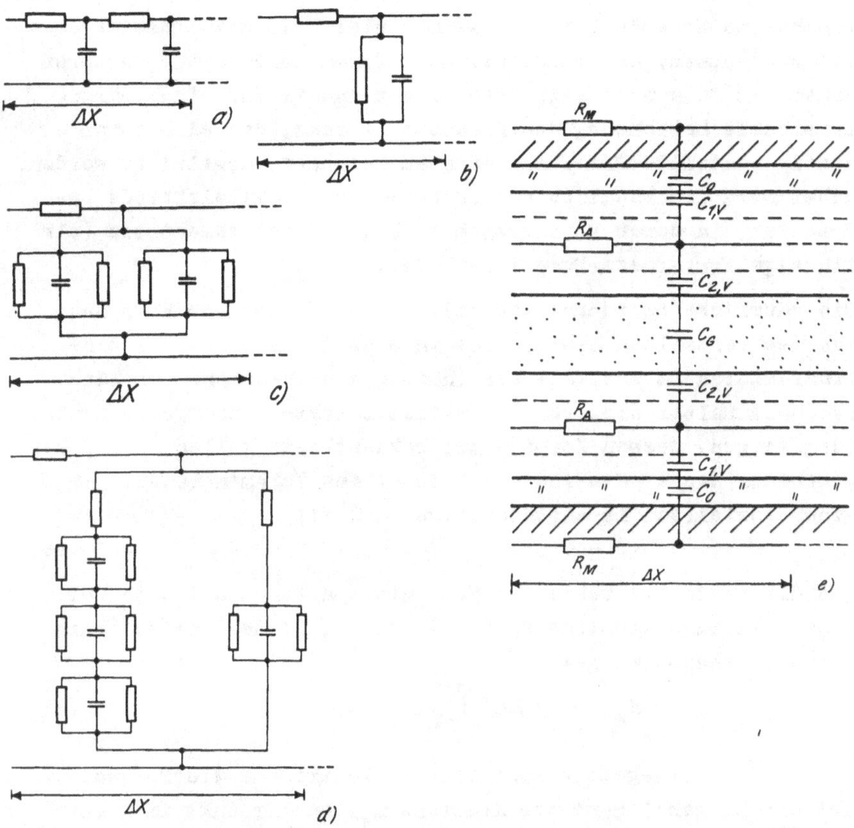

e) Ersatzschaltungsmodelle von verteilten Parametern des Metall-Oxid-Halbleiter-Gas-Systems: R_A, R_V, R_M Bahnwiderstand (H-Anreicherungsschicht, H-Verarmungsschicht, M-Phase); $R_{H,O}$, $R_{O,M}$ Kontaktwiderstände; C_O, R_O Volumenkapazität bzw. widerstand (Oxiddielektrikum); $C_{i,V}$ (i=1,2), $C_{H,O}$, C_g Kapazität (H Verarmungsrandschicht, H/O-Grenzschicht, Gasraum)

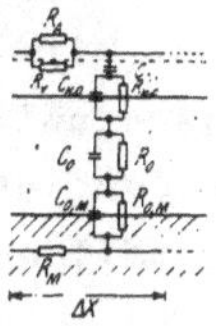

f) Zellenmodell der verallgemeinerten verteilten Ersatzschaltung

Bild 39: Verteilt-parametrische Darstellung realer Kondensatorstrukturen (Zellenmodelle, vgl. Bild 38)

Man hat naturgemäß bei eindimensionaler Betrachtungsweise damit zu rechnen, daß raumtypische Informationen damit verloren gehen. Im folgenden soll deshalb der Ansatz für eine mehrdimensionale Berechnung des Parametersystems, das sich durch stetig verteilte Ortsfunktionen auszeichnet, abgeleitet werden. Dabei wird die räumlich ausgedehnte poröse Oxidelektrode betrachtet, in deren Porensystem sich die Katodenelektrode (als flüssige bzw. feste Phase) befindet.

Die räumliche Anordnung kapazitiver und resistiver Komponenten des verteilten Systems ist infolge technologischer Einflußfaktoren im Realfall als inhomogen anzunehmen. Der Einfachheit halber wird von einem idealisierten, homogenen System ausgegangen, dessen Komponenten bekannt sein sollen, d.h., bei gegebener Kapazitätsdichte c leistet das Volumenelement ΔV einen verteilten Kapazitätsbeitrag ΔC mit

$$\Delta C = c\ \Delta V\ , \tag{66}$$

und die verteilte resistive Komponente R berechnet sich für eine beliebige Richtung n_k (k, l = x, y, z) des kartesischen Koordinatensystems gemäß

$$R_k = \varrho\ \Delta k / \prod_{l \neq k} \Delta l\ . \tag{67}$$

ϱ ist der vorgegebene spezifische elektrische Widerstand, Δk ist das Längenelement der Richtung n_k. Das Produkt im Nenner von (67) ist gleich dem Querschnitt des Volumenelementes senkrecht dazu.

Die Kapazitätsdichte und die resitiven Komponenten sollen entsprechend Bild 40 innerhalb der Zelle des verteilten Systems den Raumrichtungen zugeordnet sein, wobei infolge der Parallelschaltung der Kapazitätselemente die zulässige Zusammenfassung zum verteilten Kapazitätsbeitrag ΔC angedeutet wird. Das Bild veranschaulicht die Stromstärke- und Spannungsverhältnisse an den Eckpunkten der Elementarzelle. Durch Anwendung des OHMschen Gesetzes und der KIRCHHOFFschen Knotenregel erhält man dann das folgende Gleichungssystem:

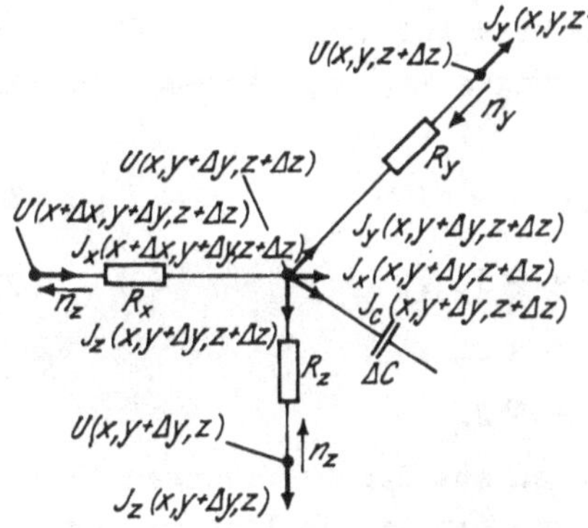

Bild 40:

Modell der Kondensatorstruktur (Zuordnung der Strompfade zur Zelle der verteilten Parameter)

$$\begin{aligned} I_x(x+\Delta x,y+\Delta y,z+\Delta z)-I_x(x,y+\Delta y,z+\Delta z) = {} & I_y(x,y+\Delta y,z+\Delta z)-I_y(x,y,z+\Delta z) \\ & + I_z(x,y+\Delta y,z+\Delta z)-I_z(x,y+\Delta y,z) \\ & + I_C(x,y+\Delta y,z+\Delta z), \end{aligned} \tag{68}$$

$$U(x+\Delta x,y+\Delta y,z+\Delta z)-U(x,y+\Delta y,z+\Delta z)=R_xI_x(x+\Delta x,y+\Delta y,z+\Delta z) \tag{69}$$

$$U(x,y+\Delta y,z+\Delta z)-U(x,y,z+\Delta z)=R_yI_y(x,y+\Delta y,z+\Delta z), \tag{70}$$

$$U(x,y+\Delta y,z+\Delta z)-U(x,y+\Delta y,z)=R_zI_z(x,y+\Delta y,z+\Delta z), \tag{71}$$

$$U(x,y+\Delta y,z+\Delta z)=R_CI_C(x,y+\Delta y,z+\Delta z) \tag{72}$$

Den Blindwiderstand des verteilten Kapazitätselementes erhält man durch

$$R_C = 1/(i w \Delta C). \tag{73}$$

w Kreisfrequenz

In Analogie zu (67) werden die Komponenten des Stromdichtevektors $\vec{j}$ definiert:

$$j_k = I_k / \prod_{l \neq k} \Delta l\,. \tag{74}$$

Nach Einführung des Volumenelements $\Delta V = \Delta x \Delta y \Delta z$ werden (66) und (73) in (72) eingesetzt und man erhält

$$I_C(x,y+\Delta y,z+\Delta z) = i w c \Delta x \Delta y \Delta z\, U(x,y+\Delta y,z+\Delta z) \tag{75}$$

Man kann nun zeigen, daß nach Einsetzen von (75) in (68) sowie von (67) in (69) bis (71) unter Berücksichtigung von (74) und nach Durchführung des Grenzüberganges Δx, Δy, $\Delta z \to 0$ folgende Gleichungen erhalten werden:

$$\partial j_x/\partial x - \partial j_y/\partial y - \partial j_z/\partial z = i\, w\, cU \tag{76}$$

$$\partial U/\partial x = \varrho\, j_x\,, \tag{77}$$
$$\partial U/\partial y = \varrho\, j_y\,,$$
$$\partial U/\partial z = \varrho\, j_z\,.$$

Die zweiten partiellen Ableitungen aus den Gleichungen (77) werden in (76) eingeführt, und man erhält die lineare partielle Differentialgleichung

$$\partial^2 U/\partial x^2 + \partial^2 U/\partial y^2 + \partial^2 U/\partial z^2 = i\, w \varrho c U \tag{78}$$

$$\partial^2 U/\partial r^2 + \partial U/r\,\partial r + r^{-2}\partial^2 U/\partial \varphi^2 + \partial^2 U/\partial z^2 = i \varrho w c U. \tag{79}$$

Diese Beziehung läßt sich auch auf einem anderen Weg ableiten, worauf im nächsten Abschnitt einzugehen ist.

3.2 Kontinuumsmodell der Kondensatorstruktur

Der entscheidende Mangel der parametrischen Behandlung besteht darin, daß man die Ersatzgrundschaltung der lokalisierten bzw. verteilten Größen mehr oder weniger intuitiv festlegt. Als physikalisch erstes Prinzip ist dagegen das Ausgehen vom vollständigen System der MAXWELLschen Gleichungen aufzufassen. Sie lauten in differentieller vektorieller Form

$$\frac{\partial \vec{\mathfrak{D}}}{\partial \mathfrak{r}} = q\,, \tag{80}$$

$$\frac{\partial}{\partial \mathfrak{r}} \times \mathfrak{H} = \vec{j} + \frac{\partial \vec{\mathfrak{D}}}{\partial t}\,, \tag{81}$$

$$\mathfrak{D} = \varepsilon_0 \mathfrak{E} + \mathfrak{P}\,, \tag{82}$$

$$\mathfrak{B} = \mu_m \mathfrak{H} + \mathfrak{M}\,, \tag{83}$$

$$\frac{\partial}{\partial \mathfrak{r}} \times \mathfrak{E} = -\frac{\partial \mathfrak{B}}{\partial t}\,, \tag{84}$$

$$\frac{\partial \mathfrak{B}}{\partial \mathfrak{r}} = 0\,. \tag{85}$$

Es bedeuten:

$\mathfrak{r}$ Ortsvektor, $\vec{\mathfrak{J}}$ Verschiebungsvektor, q Ladungsdichte, $\mathfrak{H}$ Vektor der magnetischen Feldstärke, $\mathfrak{E}$ Vektor der elektrischen Feldstärke, $\mathfrak{P}$ Polarisationsvektor, $\mathfrak{B}$ Vektor der magnetischen Induktion, $\mathfrak{M}$ Magnetisierungsvektor.

Durch Bildung der Zeitableitung von (80) und der Divergenz von (81) folgt der Erhaltungssatz der Ladung:

$$\frac{\partial q}{\partial t} + \frac{\partial \vec{\mathfrak{J}}}{\partial \mathfrak{r}} = 0 \; . \tag{86}$$

Betrachtet man das Kondensatorelement als Kontinuum, so ist jedem Volumenelement die Ladungsdichte q zuzuordnen, die im allgemeinsten Fall von Ort und Zeit abhängt: $q = q\;(\mathfrak{r},\; t)$. Zur weiteren Behandlung wird der Fall des stationären Strömungsfeldes, d.h. $\dot{\mathfrak{B}} = 0$ vorausgesetzt. Damit ist das elektrische Feld wirbelfrei (rot $\mathfrak{E} = 0$, s. (84)) und hat ein Potential $U = U\;(\mathfrak{r},\; t)$, wobei gilt

$$\mathfrak{E} = - \frac{\partial U}{\partial \mathfrak{r}} \; . \tag{87}$$

Das Kontinuum soll als effektives Medium die effektive Leitfähigkeit $\varkappa$, die das OHMsche Gesetz

$$\vec{j} = \varkappa\, \mathfrak{E} \tag{88}$$

erfüllt, und die effekti-ve Kapazitätsdichte c haben, die durch

$$q = c\; U \tag{89}$$

definiert ist. Die effektiven Materialgrößen sind grundsätzlich orts- und zeitabhängig.

Bei zeitunabhängigem c folgt nach Einsetzen von (89) sowie (87) mit (88) in (86)

$$c \frac{\partial U}{\partial t} = \frac{\partial}{\partial \mathfrak{r}} \left(\varkappa \frac{\partial U}{\partial \mathfrak{r}}\right). \tag{90}$$

Daraus ergibt sich nach Ausführung der Differentiation eine inhomogene Differentialgleichung vom LAPLACE-Typ

$$\varrho\; c\; \frac{\partial U}{\partial t} = \Delta U - \frac{1}{\varrho} \frac{\partial \varrho}{\partial \mathfrak{r}} \circ \frac{\partial U}{\partial \mathfrak{r}} \; , \tag{91}$$

in der entsprechend $\varrho = \varkappa^{-1}$ der effektive, spezifische elektrische Widerstand eingeführt worden ist, wonach

$$\frac{\partial \varrho}{\partial \mathfrak{r}} \circ \frac{\partial U}{\partial \mathfrak{r}} = -\frac{1}{\varrho^2} \frac{\partial \varrho}{\partial \varphi} \circ \frac{\partial U}{\partial \varphi} . \tag{92}$$

Die Randbedingung lautet allgemein

$$U_{Rand} = U\ (\mathfrak{r}). \tag{93}$$

(91),(93) stellen eine lineare partielle Differentialgleichung mit Randbedingung dar, die sich allgemein nicht lösen läßt. Die Konsequenz der Spannungsabhängigkeit der Funktionsparameter lautet für eine detaillierte Behandlung des Kontinuums

$$c = c\ [U\ (t)]. \tag{94}$$

Das bedeutet,

$$\frac{\partial q}{\partial t} = (U \frac{\partial c}{\partial U} + c\ ) \frac{\partial U}{\partial t} . \tag{95}$$

Führt man (95) in (86) ein, so geht (91) über in

$$\varrho\ (U \frac{\partial c}{\partial U} + c\ ) \frac{\partial U}{\partial t} = \Delta U - \frac{1}{\varrho} \frac{\partial \varrho}{\partial \mathfrak{r}} \circ \frac{\partial U}{\partial \mathfrak{r}} . \tag{96}$$

Dies ist ein System homogener, linearer partieller Differentialgleichungen 2. Ordnung.

Der Ansatz $\varkappa = \varkappa\ [U\ (\mathfrak{r})]$ führt dagegen wegen

$$\frac{\partial}{\partial \mathfrak{r}} (\varkappa \mathfrak{E}) = -\frac{\partial}{\partial \mathfrak{r}} (\varkappa \frac{\partial U}{\partial \mathfrak{r}}) = \frac{\partial \varkappa}{\partial U} (\frac{\partial U}{\partial \mathfrak{r}})^2 + \varkappa \Delta U \tag{97}$$

auf

$$\varrho\ (U \frac{\partial c}{\partial U} + c) \frac{\partial U}{\partial t} = \Delta U - \frac{1}{\varrho} \frac{\partial \varrho}{\partial U} (\frac{\partial U}{\partial \mathfrak{r}})^2 . \tag{98}$$

Die Differentialgleichungen (97) und (98) sind nichtlinear. Es ist klar, daß man im allgemeinsten Fall die komplexen Größen $\hat{\varkappa}$ bzw. $\hat{\varrho}$ und $\hat{c}$ einsetzt, womit U ebenfalls eine komplexe Funktion wird.

3.2.1 Lösung der Differentialgleichung des Kontinuums für den zylindersymmetrischen Fall

Es wird in Anlehnung an die Praxis das Kondensatormodell mit zylindrischer poröser Oxidelektrode, in der axialsymmetrisch ein zylindrischer Anodendraht eingebettet ist, behandelt. Dabei wurde auf die Literaturstellen /125/ bis /130/ zurückgegriffen.

Es gelten folgende Voraussetzungen:

1. Koordinatensystem und geometrische Daten gemäß Bild 42e,
2. $\hat{\rho}$ ortsunabhängig, $\hat{c}$ zeitunabhängig,
3. geometrische Zylinderoberfläche ist Äquipotentialfläche,
4. U komplexe periodische Funktion, die nur von r und z abhängt.

Wegen der 2. Voraussetzung entfällt der letzte Term in (91), und man erhält daraus (78), da wegen der 4. Voraussetzung die periodische Funktion

$$\hat{U} = U\,(r,z)\;\; e^{iwt} \qquad (99)$$

auf

$$\frac{\partial \hat{U}}{\partial t} = i\, w\, \hat{U} \qquad (100)$$

führt. Mit Pkt. 3 folgt aus (93) als spezielle Randbedingung

$$\hat{U}_{Rand} = U_0. \qquad (101)$$

Aufgrund der Zylindersymmetrie reduziert sich (79) schließlich auf

$$\frac{\partial^2 \hat{U}}{\partial r^2} + \frac{1}{r}\frac{\partial \hat{U}}{\partial r} + \frac{\partial^2 \hat{U}}{\partial z^2} = i\, w\, \hat{\rho}\, \hat{c}\, \hat{U}\;. \qquad (102)$$

Zur Lösung des Randwertproblems (s. (101) und (102)) muß man von der Tatsache Gebrauch machen, daß sich das Feld innerhalb eines Zylinders mit beliebig vorgegebenem Potential auf allen seinen Flächen auch ergibt, wenn man das Potential für jede seiner Flächen mit geerdeten übrigen bestimmt und die Resultate überlagert. Dies ist eine Folge des Superpositionsprinzips. Die singulären Randlinien (Berührungslinien unterschiedlicher Flächen) erhalten zweckmäßig per Definition einen eindeutigen Potentialwert zugeordnet, indem man geeignete Reihenentwicklungen der Randbedingungen vornimmt. Zur Bestimmung der Impedanz des Kontinuums ist die komplexe Gesamtstromstärke $\hat{I}_g$ durch Integration des Stromdichtevektors $\vec{\hat{j}}$ über die Gesamtfläche A zu bestimmen:

$$\hat{I}_g = \int^{A} \vec{\hat{j}}\; \vec{dA} \qquad (103)$$

(Bei Auswertung von (103) ist zu beachten, daß die Komponenten von $\vec{\hat{j}}$ und $\vec{dA}$ antiparallel gerichtet sind). Es gilt wegen

(87), (88) $$\hat{\vec{j}} = -\frac{1}{\hat{\varrho}} \frac{\partial \hat{U}}{\partial r} \; . \tag{104}$$

(102) läßt sich durch Produktansatz
$$\hat{U}(r,z) = \hat{R}(r)\,\hat{Z}(z) \tag{105}$$
separieren. Man erhält als Lösung ein im weiteren hergeleitetes Funktionensystem. Mit Hilfe der Randbedingungen werden die zutreffende Lösungsform ausgewählt und die Konstanten bestimmt.

a) Separation der Veränderlichen

Zur Vereinfachung wird festgelegt
$$\hat{b}^2 = i\,\hat{\varrho}\,\hat{c}\,\omega . \tag{106}$$
Wir setzen (105) und (106) in (102) und erhalten
$$\frac{\hat{R}'' + \frac{1}{r}\hat{R}'}{\hat{R}} + \frac{\hat{Z}''}{\hat{Z}} - \hat{b}^2 = 0 \; . \tag{107}$$
Die Differentiation von (107) nach z liefert
$$\frac{d}{dz}\left(\frac{\hat{Z}''}{\hat{Z}}\right) = 0 \quad , \tag{108}$$
daraus folgt die gewöhnliche Differentialgleichung
$$\frac{\hat{Z}''}{\hat{Z}} = \text{const} = \hat{\mu}^2 \tag{109}$$
und damit
$$\frac{\hat{R}'' + \frac{1}{r}\hat{R}'}{\hat{R}} + \hat{\alpha}^2 = 0, \qquad \hat{\alpha}^2 = \hat{\mu}^2 - \hat{b}^2 . \tag{110}$$
Die allgemeine Lösung von (109) lautet
$$\hat{Z}(z) = \hat{A}_1 \cosh \hat{\mu} z + \hat{A}_2 \sinh \hat{\mu} z . \tag{111}$$
Sie enthält außer den komplexen Integrationskonstanten $\hat{A}_1$, $\hat{A}_2$ noch die Separationskonstante $\hat{\mu}$, die beliebige, auch komplexe Werte annehmen können.
(110) ist eine BESSELsche Differentialgleichung, deren allgemeine Lösung folgende ist
$$\hat{R}(r) = \hat{B}_1 \hat{J}_0(\hat{\alpha} r) + \hat{B}_2 \hat{N}_0(\hat{\alpha} r). \tag{112}$$

($\hat{B}_1$, $\hat{B}_2$ komplexe Konstanten; $\hat{J}_0$ BESSELsche Funktion, 0-ter Ordnung, komplex; $\hat{N}_0$ NEUMANNsche Funktion, 0-ter Ordnung, komplex).

Durch Produktbildung von (111) und (112) entstehen spezielle Produktlösungen von (102). Die auftretenden Konstanten müssen den Randbedingungen angepaßt werden. Wir erhalten die allgemeine Lösung von (102), indem wir über alle möglichen speziellen Lösungen, d.h. alle möglichen Werte von $\hat{\mu}$, summieren.
Wir erhalten

$$\hat{U}(r,z) = \sum_{(\mu)} (\hat{A}_{1\mu} \cos h\hat{\mu} z + \hat{A}_{2\mu} \sin h\hat{\mu} z)(\hat{B}_{1\mu} \hat{J}_0(\hat{\alpha} r) + \hat{B}_{2\mu} \hat{N}_0 (\hat{\alpha} r)) + \hat{C}_0. \tag{113}$$

Die Bestimmung der Konstanten erfolgt, indem man die Randbedingungen in FOURIERsche oder BESSELsche Reihen entwickelt und mit der allgemeinen Lösung vergleicht. Für die Randbedingung (93) kann diese Entwicklung sehr kompliziert bzw. unmöglich sein. Wir müssen als Voraussetzung fordern: $\hat{U}$ (r,z) muß im Definitionsgebiet bezüglich jeder Variablen periodisch oder stückweise stetig bzw. beides sein. Wir beschränken uns deshalb im weiteren Verlauf auf die zur Aufgabe formulierte Randbedingung (101), die auch der geforderten Voraussetzung genügt.

b) Anpassen der allgemeinen Lösung der Differentialgleichung an die Randbedingungen

Der Spannungsverlauf innerhalb eines Zylinders mit vorgegebener Spannung auf allen seinen Seiten ergibt sich, indem man das Spannungsverhalten für jede seiner Seiten mit geerdeten anderen bestimmt und die Resultate überlagert.

Das heißt für die Lösung

$$\hat{U}(r,z) = \hat{U}_1(r,z) + \hat{U}_2(r,z) + \hat{U}_3(r,z), \tag{114}$$

mit $\hat{U}_1$ (r,z) erfüllt die Randbedingung auf dem Zylindermantel, die übrigen Flächen geerdet, $\hat{U}_2$ (r,z) erfüllt die Bedingung auf der Deckfläche, $\hat{U}_3$ (r,z) auf der Bodenfläche, die entsprechenden anderen Flächen geerdet.

Ehe wir zur Lösung für $\hat{U}_1$ (r,z) kommen, eine Bemerkung zur Wahl der Separationskonstanten $\hat{\mu}$ in (111). Das System (111) wird mit reellem μ insbesondere dann verwendet, wenn die Verteilung der Spannung über eine Fläche z = const gegeben ist. Ist sie über eine Zylindermantelfläche r = const gegeben, so wählt man zweckmäßig $\hat{\mu} = j\beta$ (β reell). In diesem Fall geht (111) über in

$$\hat{Z}(z) = \hat{A}_1' \cos \beta z + \hat{A}_2' \sin \beta z \tag{115}$$

und (113) in

$$\hat{U}(r,z) = \sum_{(\beta)} (\hat{A}_{1\beta}' \cos \beta z + \hat{A}_{2\beta}' \sin \beta z)(\hat{B}_{1\beta} \hat{J}_0(\hat{\alpha}_\beta r) + \hat{B}_{2\beta} \hat{N}_0(\hat{\alpha}_\beta r)) + \hat{C}_0 , \tag{116}$$

wobei

$$\hat{\alpha}_\beta^2 = -\beta^2 - \hat{b}^2 . \tag{117}$$

Nach obigem lauten die Randbedingungen für $\hat{U}_1$ (r,z)

$$\hat{U}_1 (R,z) = U_0 , \tag{118.1}$$

$$\hat{U}_1 (r_0,z) = 0 , \tag{118.2}$$

$$\hat{U}_1 (r,0) = 0 , \tag{118.3}$$

$$\hat{U}_1 (r,H) = 0 . \tag{118.4}$$

Wir lösen nun (102) unter den Randbedingungen (118). Zu diesem Zweck ergänzen wir den Spannungsverlauf auf dem Zylindermantel zur periodischen Funktion (Bild 41).

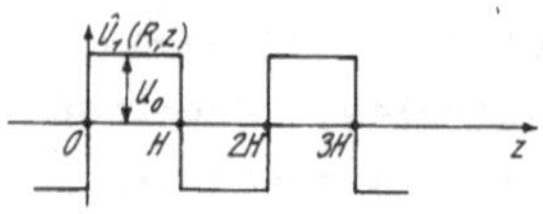

Bild 41:

Fortsetzung der konstanten Funktion $\hat{U}_1$ (R,z) zu einer periodischen Funktion

Wir erhalten $\hat{U}_1$ (R,z) als Teil einer periodischen Rechteckfunktion mit folgender FOURIER-Reihenentwicklung

$$\hat{U}_1(R,z) = \frac{4U_0}{\pi} \sum_{\lambda=1}^{\infty} \frac{\sin \frac{(2\lambda-1)\pi}{H} z}{(2\lambda - 1)} . \tag{119}$$

Setzen wir in (116) r = R und vergleichen mit (119), so ergibt sich

$$\beta = \frac{(2\lambda - 1)\pi}{H} \quad , \tag{120}$$

$$\hat{A}_1' = 0, \quad \hat{C}_0 = 0, \tag{121}$$

$$\hat{A}_{2\beta}' (\hat{B}_{1\beta} \hat{J}_0(\hat{\alpha}_\beta R) + \hat{B}_{2\beta} \hat{N}_0(\hat{\alpha}_\beta R)) = \frac{4U_0}{(2\lambda-1)\pi} \ . \tag{122}$$

Aus (118.2) folgt

$$\hat{B}_{1\beta} \hat{J}_0(\hat{\alpha}_\beta r_0) + \hat{B}_{2\beta} \hat{N}_0(\hat{\alpha}_\beta r_0) = 0 \ . \tag{123}$$

Somit lassen sich alle Konstanten bestimmen, und man erhält

$$\hat{U}_1(r,z) = \sum_{\lambda=1}^{\infty} \frac{4U_0(\hat{J}_0(\hat{\alpha}_\beta r_0)\hat{N}_0(\hat{\alpha}_\beta r) - \hat{N}_0(\hat{\alpha}_\beta r_0)\hat{J}_0(\hat{\alpha}_\beta r))}{\pi(2\lambda-1)(\hat{J}_0(\hat{\alpha}_\beta r_0)\hat{N}_0(\hat{\alpha}_\beta R) - \hat{J}_0(\hat{\alpha}_\beta R)\hat{N}_0(\hat{\alpha}_\beta r_0))} \ . \tag{124}$$

$$. \sin \beta z$$

mit β nach (120), s. auch Anlage 3.
Nachdem wir die Lösung für den Zylindermantel erhalten haben, wenden wir das gleiche Verfahren für die Zylinderdeckfläche an, nur, daß wir jetzt die Randbedingung in eine BESSELreihe entwickeln.
Die Randbedingungen für $\hat{U}_2 (r,z)$ lauten

$$\hat{U}_2 (r,H) = U_0 \ , \tag{125.1}$$

$$\hat{U}_2 (r_0,z) = 0 \ , \tag{125.2}$$

$$\hat{U}_2 (R,z) = 0 \ , \tag{125.3}$$

$$\hat{U}_2 (r,0) = 0 \ . \tag{125.4}$$

Für die Randbedingung (125.1) können wir folgende Entwicklung in eine BESSELreihe angeben

$$\hat{U}_2 (r,H) = \sum_{\lambda=1}^{\infty} \hat{c}_\lambda \hat{J}_0 \left(\alpha_\lambda \frac{r}{R}\right) \tag{126}$$

mit

$$\hat{c}_\lambda = \frac{2}{(\hat{J}_0' (\alpha_\lambda))^2} \int_{r_0/R}^{1} U_0 y \hat{J}_0 (\alpha_\lambda y) \, dy \tag{127}$$

und $y = r/R$. Die α_λ sind die Nullstellen von $\hat{J}_0$ in geordneter Reihenfolge (s. Tabelle 15). Führen wir in (127) die Integration aus (s. Anlage 3), so ist

$$\hat{c}_\lambda = \frac{2U_0}{\alpha_\lambda R(\hat{J}_0'(\alpha_\lambda))^2}\,(R\hat{J}_1(\alpha_\lambda) - r_0\hat{J}_1(\alpha_\lambda \frac{r_0}{R})) \tag{128}$$

und damit

$$\hat{U}_2(r,H) = \frac{2U_0}{R}\sum_{\lambda=1}^{\infty}\frac{R\hat{J}_1(\alpha_\lambda)-r_0\hat{J}_1(\alpha_\lambda\frac{r_0}{R})}{(\hat{J}_0'(\alpha_\lambda))^2}\,\hat{J}_0(\alpha_\lambda\frac{r}{R}). \tag{129}$$

Nach den bereits gemachten Überlegungen wählen wir in (111) $\mu = \beta$ reell, so daß wir nun (113) und (129) vergleichen können. Die Bedingung (125.4) fordert

$$\hat{A}_{1\beta} = 0 \quad . \tag{130}$$

Aus (129) folgt

$$\hat{B}_{2\beta} = 0, \quad \hat{C}_0 = 0 \ . \tag{131}$$

Weiter liefert der Vergleich noch

$$\hat{\alpha}_\beta = \sqrt{\beta^2 - \hat{b}^2} = \frac{\alpha_\lambda}{R} , \tag{132.1}$$

und wenn wir bezeichnen

$$\hat{\beta}_\lambda = \sqrt{\frac{\alpha_\lambda^2}{R^2} + \hat{b}^2} , \tag{132.2}$$

dann gilt

$$\hat{A}_{2\beta}\ \hat{\sinh}\,(\hat{\beta}_\lambda H)\cdot \hat{B}_{1\beta} = \frac{2U_0(R\hat{J}_1(\alpha_\lambda) - r_0\hat{J}_1(\alpha_\lambda\frac{r_0}{R}))}{R\,\alpha_\lambda(\hat{J}_0'(\alpha_\lambda))^2} \ . \tag{133}$$

Damit sind wieder alle Konstanten bestimmt, und wir erhalten für den Spannungsverlauf

$$\hat{U}_2(r,z) = \frac{2U_0}{R}\sum_{\lambda=1}^{\infty}\frac{(R\hat{J}_1(\alpha_\lambda) - r_0\hat{J}_1(\alpha_\lambda\frac{r_0}{R}))}{\alpha_\lambda(\hat{J}_0'(\alpha_\lambda))^2\ \hat{\sinh}\,(\hat{\beta}_\lambda H)}\,\hat{J}_0(\alpha_\lambda\frac{r}{R})$$

$$\hat{\sin}\,h\,(\hat{\beta}_\lambda\cdot z). \tag{134}$$

Es ist nun noch der Spannungsverlauf $\hat{U}_3(r,z)$ zu behandeln. Die Randbedingungen sind

$$\hat{U}_3\,(r,0) = U_0 , \tag{135.1}$$

$$\hat{U}_3\,(r,H) = 0 , \tag{135.2}$$

$$\hat{U}_3\ (R,z) = 0\ , \tag{135.3}$$
$$\hat{U}_3\ (r_o,z) = 0\ . \tag{135.4}$$

Die Lösung erfolgt analog zur Lösung für $\hat{U}_2(r,z)$; wir erhalten die, bezüglich z, zu $\hat{U}_2(r,z)$ spiegelbildliche Funktion

$$\hat{U}_3(r,z) = \hat{U}_2(r,H-z). \tag{136}$$

Wir haben also als vollständiges Resultat die Lösung der Differentialgleichung, wenn wir (124), (134) und (136) in (114) einsetzen.

c) Lösung der Differentialgleichung für den Fall zylindrischer Sinterkörper ohne Draht

Den bisherigen Rechnungen lag als Modell ein Zylinder mit einem in der Mitte durchgehenden Draht zugrunde. Die nachfolgenden Rechnungen sind nur für den Spezialfall zylindrischer Sinterkörper ohne Draht (Vollzylinder mit $r_0 = 0$) ausgeführt. Es entstehen sonst kompliziertere Ausdrücke. Das Modell ohne Draht kommt den realen Verhältnissen sehr nahe. Es wird deshalb ausführlich behandelt. Wollen wir die Lösung für den hier behandelten Spezialfall angeben, so müssen wir den Grenzübergang $r_0 \longrightarrow 0$ ausführen (s. Anlage 3). In (124) vereinfacht sich infolge $\hat{N}_0\ (\hat{\alpha}_\lambda r_0) \longrightarrow \infty$ bei r_0 gegen Null der Bruch zu $\hat{J}_0\ (\hat{\alpha}_\lambda r)/\hat{J}_0\ (\hat{\alpha}_\lambda R)$ und wir erhalten

$$\hat{U}_1\ (r,z) = \sum_{\lambda=1}^{\infty} \frac{4U_0\ \hat{J}_0(\hat{\alpha}_\lambda r)}{(2\lambda\ -1)\pi\ \hat{J}_0(\hat{\alpha}_\lambda R)} \sin\beta\ z. \tag{137}$$

Es ist zu bemerken, daß nicht mehr gilt $\hat{U}_1(0,z) = 0$, sondern, daß die Spannung in Richtung der z-Achse nun ein periodisches Feld der Periode 2H darstellt. Das hat aber keinen Einfluß auf die Lösung, da die Bedingung $\hat{U}_1\ (r_0,z)$ nicht mit vorgegeben ist, sondern in der Rechnung frei wählbar war. In (134) ist der Grenzübergang trivial; es ist

$$\hat{U}_2(r,z) = 2U_o \sum_{\lambda=1}^{\infty} \frac{\sinh(\hat{\beta}_\lambda z) J_0(\alpha_\lambda \frac{r}{R})}{\sinh(\hat{\beta}_\lambda H)\ \alpha_\lambda J_1(\alpha_\lambda)} \tag{138}$$

und weiter

$$\hat{U}_3(r,z) = \hat{U}_2(r,H-z), \tag{139}$$

wobei zur Bestimmung von $\hat{U}_3(r,H-z)$ jetzt $\hat{U}_2(r,z)$ nach (138) benutzt wird.

d) Berechnung des Stromes aus der Spannung

Um zur Impedanz und den daraus folgenden Ergebnissen zu kommen, brauchen wir den durch die Zylinderoberfläche fließenden Strom. Wegen (103) und aus Symmetriegründen gilt

$$\hat{I}_g = \hat{I}_r + 2\,\hat{I}_z \tag{140}$$

($\hat{I}_r$ Strom durch den Rand r = R, $\hat{I}_z$ Strom durch den Rand z = 0,H) und im einzelnen

$$\hat{I}_r = - \int_0^H \hat{j}_r(R,z) \quad 2\pi R\, dz, \tag{141}$$

$$\hat{I}_z = - \int_0^R \hat{j}_z(r,H)\; 2\pi r\, dr, \tag{142}$$

mit

$$\hat{j}_r(r,z) = - \frac{1}{\hat{\varrho}} \; \frac{\partial \hat{U}(r,z)}{\partial r}, \tag{143}$$

$$\hat{j}_z(r,z) = - \frac{1}{\hat{\varrho}} \; \frac{\partial \hat{U}(r,z)}{\partial z}, \tag{144}$$

wobei $\hat{j}_r(r,z)$ und $\hat{j}_z(r,z)$ die Komponenten des Stromdichtevektors sind. Wir erhalten bei der Integration nach (141) bzw. (142) den Strom, der durch den Zylindermantel bzw. die Deckflächen fließt. Wir berechnen (143) und (144) unter Beachtung von (114) aus (137), (138) und (139). Wir erhalten (s.Anlage 3)

$$- \hat{\varrho}\, \hat{j}_r(R,z) = \sum_{\lambda=1}^{\infty} \frac{4U_0 \sin(\beta z)(-\hat{\alpha}_\beta \hat{J}_1(\hat{\alpha}_\beta R))}{(2\lambda -1)\pi \quad \hat{J}_0\ (\hat{\alpha}_\beta R)} +$$

$$+ \sum_{\lambda=1}^{\infty} \left(\frac{2U_0 \hat{\sinh}(\hat{\beta}_\lambda z)}{\hat{\sinh}\ (\hat{\beta}_\lambda H)} + \frac{2U_0 \hat{\sinh}(\hat{\beta}_\lambda (H-z))}{\hat{\sinh}\ (\hat{\beta}_\lambda H)}\right) \cdot$$

$$\cdot \left(\frac{-\alpha_\lambda}{R}\right) \frac{\hat{J}_1\ \left(\frac{\alpha_\lambda R}{R}\right)}{\hat{J}_1\ (\alpha_\lambda)} \tag{145}$$

und

$$- \hat{\varrho}\,\hat{j}_z(r,H) = \sum_{\lambda=1}^{\infty} \frac{4U_0\hat{J}_0(\hat{\alpha}_\lambda r)}{(2\lambda-1)\pi\,\hat{J}_0(\hat{\alpha}_\lambda R)}\,\beta\cos(\beta H) + \sum_{\lambda=1}^{\infty} \frac{2U_0 J_0(\alpha_\lambda r/R)\cdot\hat{\beta}_\lambda}{\hat{\sinh}(\hat{\beta}_\lambda H)\,\alpha_\lambda J_1(\alpha_\lambda)}\left(\hat{\cosh}(\hat{\beta}_\lambda H)-\hat{\cosh}(\hat{\beta}_\lambda 0)\right) \tag{146}$$

Nach Einsetzen von (145) und (146) in (141) und (142) ergibt sich für den Strom durch die Mantelfläche (s. Anlage 3)

$$\hat{I}_r = -\frac{16U_0R}{\hat{\varrho}}\sum_{\lambda=1}^{\infty}\frac{\hat{\alpha}_\lambda}{(2\lambda-1)\beta}\,\frac{\hat{J}_1(\hat{\alpha}_\lambda R)}{\hat{J}_0(\hat{\alpha}_\lambda R)} - \frac{8U_0\pi}{\hat{\varrho}}\sum_{\lambda=1}^{\infty}\frac{1}{\hat{\beta}_\lambda}\left(\hat{\coth}(\hat{\beta}_\lambda H) - \frac{1}{\hat{\sinh}(\hat{\beta}_\lambda H)}\right) \tag{147}$$

und für den Strom durch die Zylinderfläche $z = H$

$$\hat{I}_z = -\frac{8U_0R}{\hat{\varrho}}\sum_{\lambda=1}^{\infty}\frac{\beta}{(2\lambda-1)\hat{\alpha}_\lambda}\,\frac{\hat{J}_1(\hat{\alpha}_\lambda R)}{\hat{J}_0(\hat{\alpha}_\lambda R)} - \frac{4U_0\pi R^2}{\hat{\varrho}}\sum_{\lambda=1}^{\infty}\frac{\hat{\beta}_\lambda}{\hat{\alpha}_\lambda^2}\left(\frac{1}{\hat{\sinh}(\hat{\beta}_\lambda\cdot H)} - \hat{\coth}(\hat{\beta}_\lambda\cdot H)\right). \tag{148}$$

Unter Beachtung der Beziehungen zwischen den Parametern (s. Anlage 3) ist

$$\hat{I}_g = \frac{8U_0R\hat{b}^2}{\hat{\varrho}}\left(\pi R\sum_{\lambda=1}^{\infty}\frac{1}{\hat{\alpha}_\lambda^2\,\hat{\beta}_\lambda}\,\hat{\tanh}\frac{\hat{\beta}_\lambda H}{2} + 2\sum_{\lambda=1}^{\infty}\frac{1}{(2\lambda-1)\beta\,\hat{\alpha}_\lambda}\,\frac{\hat{J}_1(\hat{\alpha}_\lambda R)}{\hat{J}_0(\hat{\alpha}_\lambda R)}\right). \tag{149}$$

Bevor die Eingangsimpedanz und andere Bauelementeparameter näher untersucht werden, sind einige Bemerkungen und Festlegungen zu den effektiven und lokalisierten Parametern des Gesamtsystems als Voraussetzung für quantitative Behandlungen notwendig.

3.2.2. Spezielle effektive Kenngrößen des Kontinuums und lokalisierte Parameter

a) Ansätze für $\hat{c}$ und $\hat{\varrho}$

Die differentielle Kapazitätsdichte $\hat{c}$ der Kondensatorstruktur ist definiert durch

$$d\hat{C} = \hat{c}\, d\, V \;, \qquad (150)$$

worin $d\hat{C}$ die Kapazität eines gegebenen Volumenelementes dV ist. Zur Bestimmung der komplexen Kapazität $\hat{C}$ der Oxidschicht wird von der diskreten Ersatzschaltung in Bild 38d ausgegangen, in der der effektiv wirksamen Oxidkapazität C_0[1] der Isolationswiderstand R_0 infolge endlicher Leitfähigkeit und der dielektrische Verlustwiderstand $R_{0,\varepsilon}$[2] infolge von Polarisationsverlusten des homogenen Dielektrikums sowie die geometrische Defektkapazität C_D, der Isolationswiderstand R_D und der Widerstand $R_{D,\varepsilon}$ infolge von Polarisationsverlusten im Defektbereich parallel geschaltet sind. (Den Kontaktübergangswiderstand R_K denkt man sich im Serienwiderstand R_S integriert). Die Gesamtfläche S des Dielektrikums setzt sich aus der Fläche S_0 des homogenen Oxides und aus der Defektfläche S_D zusammen. Damit wird mit

$$S_0 = S - S_D = S\,(1-\frac{S_D}{S}) \equiv S\;(1-\eta_D) \qquad (151)$$

ein Quotient η_D aus Defekt- und Gesamtfläche definiert. Bei Anwendung der Plattenkondensatornäherung erhält man für die reellen Kapazitätsbeiträge des homogenen Oxides (C_0) bzw. der Defekte (C_D)

$$C_0 = \varepsilon_0\, \varepsilon_o \frac{S_0}{d_0} = \varepsilon_0\, \varepsilon_o \frac{S\,(1-\eta_D)}{d_0} \qquad (152)$$

$$C_D = \varepsilon_0\, \varepsilon_o \frac{S_D}{d_D} = \frac{\varepsilon_D d_0\, \eta_D}{\varepsilon_0 d_D (1-\eta_D)}\, C_0 \qquad (153)$$

Es bedeuten: ε_0, ε_D relle Dielektrizitätskonstanten; d_0, d_D Dicken des homogenen bzw. defektbehafteten Oxidbereiches.

(153) definiert einen dimensionslosen kapazitiven Faktor:

---

1) Die Indizees 0 bzw. D kennzeichnen die für das homogene Dielektrikum bzw. den Defektbereich des Dielektrikums zutreffenden Größen.

2) Der Index ε kennzeichnet die der dielektrischen Polarisation zugeordneten Größen.

$$g_C \equiv \frac{\varepsilon_D d_O \eta_D}{\varepsilon_O d_D (1-\eta_D)} \quad . \tag{154}$$

Für die Isolationswiderstände gelten die Ansätze

$$R_O = \rho_O \frac{d_O}{S_O} \tag{155}$$

$$R_D = \rho_D \frac{d_D}{S_D} \quad , \tag{156}$$

worin ρ_O, ρ_D die spezifischen Widerstände des homogenen bzw. Defektbereiches bedeuten.

Mit den Leitwerten kommt man zu folgenden Ausdrücken:

$$Y_{R_O} = \frac{1}{R_O} = \frac{1}{\varepsilon_O \varepsilon_o \rho_O} C_O \equiv g_{R_O} C_O \quad , \tag{157}$$

$$Y_{R_D} = \frac{1}{R_D} = \frac{d_O \eta_D}{\rho_D d_D \varepsilon_O \varepsilon_o (1-\eta_D)} C_O \equiv g_{R_D} g_C C_O . \tag{158}$$

Darin sind die Leitwertfaktoren g_{R_O} und g_{R_D} definiert:

$$g_{R_O} \equiv \frac{1}{\varepsilon_O \varepsilon_o \rho_O} \quad , \tag{159}$$

$$g_{R_D} \equiv \frac{1}{\varepsilon_D \varepsilon_o \rho_D} \quad . \tag{160}$$

Die komplexen Kapazitäten bestimmen sich bei gegebenen komplexen Dielektrizitätskonstanten $\hat{\varepsilon}_i = \varepsilon_i' - i\,\varepsilon_i''$ zu

$$\hat{C}_O \equiv \varepsilon_O \left(1-i\frac{\varepsilon_O''}{\varepsilon_O'}\right) \varphi_O \equiv \varepsilon_O (1-i\tan\delta_O)\, \varphi_O , \tag{161}$$

$$\hat{C}_D \equiv \varepsilon_D \left(1-i\,\frac{\varepsilon_D''}{\varepsilon_D'}\right) \varphi_D \equiv \varepsilon_D (1-i\,\tan\delta_D)\, \varphi_D . \tag{162}$$

Mit der Definitionsgleichung

$$C_i \equiv \varepsilon_i' \varphi_i \tag{163}$$

wurden darin die Geometriefaktoren

$$\varphi_i = \frac{\varepsilon_o S_i}{d_i} \tag{164}$$

eingeführt (vgl. (152) und (153)). Die

$$\tan \delta_{\varepsilon_i} \equiv \frac{\varepsilon_i''}{\varepsilon_i'} \qquad (165)$$

sind die dielektrischen Verlustfaktoren des homogenen bzw. defektbehafteten Oxidbereiches. (Für i ist jeweils der Index "O" bzw. "D" einzusetzen).

Der Gesamtleitwert der Schaltung in Bild 38d beträgt

$$\hat{Y}_C = Y_{R_O} + Y_{R_D} + \hat{Y}_{C_O} + \hat{Y}_{C_D} = iw\hat{C}. \qquad (166)$$

Damit ergibt sich

$$\hat{C} = C_C \left[1 + g_C - i\left(\frac{g_{R_O} + g_{R_D} g_C}{w} + \tan \delta_{\varepsilon_O} + g_C \tan \delta_{\varepsilon_D}\right)\right], \qquad (167)$$

und man erhält als komplexe Kapazitätsdichte

$$\hat{c} = c_O \left[1 + g_C - i\left(\frac{g_O}{w} + \tan \delta_O\right)\right], \qquad (168)$$

worin die Abkürzungen

$$g_O \equiv g_{R_O} + g_{R_D} g_C \qquad (169)$$

und

$$\tan \delta_O \equiv \tan \delta_{\varepsilon_O} + g_C \tan \delta_{\varepsilon_D} \qquad (170)$$

eingeführt worden sind.

Die Größenordnung von g_{R_O} beträgt 4,2 $10^{-3} s^{-1}$, wenn man mit $\varepsilon_O = 27$ und $\varrho_O = 10^{14} \Omega$cm ($\varepsilon_o = 8{,}85\ 10^{-14} AsV^{-1}cm^{-1}$) rechnet. Wegen $\varrho_D < \varrho_O$ kann unter der Voraussetzung großer η_D der zweite Term auf der rechten Seite von (169) dominieren. Für $\eta_D \ll 1$ gilt $g_C \ll 1$. $\tan \delta_{\varepsilon_O}$ beträgt etwa 0,01. Da zu $\tan \delta_{\varepsilon_D}$ keinerlei Erfahrungswerte vorliegen, wird etwa die gleiche Größenordnung wie bei $\tan \delta_{\varepsilon_O}$ angenommen.

Folgt man der Ersatzschaltung im Bild 39f, so wäre der komplexen Impedanz $\hat{Z}_2 \equiv 1/iw\hat{C}$, die den komplexen effektiven Parameter $\hat{c}$ enthält, im allgemeinen eine durch das komplexe $\hat{\varrho}$ bestimmte Impedanz $\hat{Z}_1$ vorgeschaltet. (Die Zahlenbeispiele in

Abschn. 2.3 belegen, daß der Bahnwiderstand entscheidend durch den effektiven spezifischen Widerstand des Festelektrolyten bestimmt wird). Im weiteren wird der Einfachheit halber $\hat{\varrho} = \varrho$ angesetzt.

Die Ersatzschaltungen nach Bild 38d (bzw. Bild 39c) folgen einer Anpassung an die Erfahrungstatsache, daß die dielektrische Schicht ein lateral inhomogenes Gebilde ist. Wollte man den vertikal heterogenen Charakter des lateral "homogenen" Dielektrikums berücksichtigen, so wäre etwa in Anlehnung an die erwähnte pin-Struktur eine Ersatzschaltung des in Bild 38e (bzw. 39d) gezeigten Typs anzusetzen, wonach die Parallelschaltung von Defekt- und eigentlichem Dielektrikumsbereich beibehalten wird, jedoch die Kontaktübergangswiderstände $R_{K,O}$ und $R_{K,D}$ grundsätzlich unterschieden sind und die pin-Stapelung seriell angeordneten Parallelschaltungen der kapazitiven und resistiven dielektrischen Komponenten entspricht. Die Ersatzschaltung im Bild 39e läßt sich mathematisch exakt bereits schwer überschauen. Die physikalische Realität hat jedoch von weiteren Phänomenen auszugehen, zu denen z.B. gehören:

- räumliche und zeitliche Verteilungen der lokalisierten Parameter,
- Existenz von Grenzflächenkapazitäten und -barrieren,
- Abhängigkeit der parametrischen Struktur von äußeren Einflußgrößen (Temperatur, Frequenz, Spannung, Luftfeuchtigkeit, Druck, Geometrie u. a.),
- Einfluß induktiver Komponenten.

Im folgenden sollen diese Gesichtspunkte näher betrachtet werden.

b) Berücksichtigung lokalisierter Parameter

Aus Bild 42a und b gehen schematisch der poröse Elektrodenaufbau und die Heterostruktur hervor, die durch die werkstoffliche und technologische Konzeption der Katodenbeschichtung und Kontaktierung des Bauelementes entsteht. Eine Systematik und Bewertung der Übergänge findet sich in Tabelle 14. Man hat zur Präzisierung der Eingangsimpedanz die erweiterten Eigenschaften zu berücksichtigen. Im einfachsten Fall gehen nur die seriellen

Widerstandskomponenten R_i gemäß Bild 42c als lokalisierte Parameter ein. Als notwendige Ergänzung sind die Kapazität C_A der geometrischen Elektrodenoberfläche und der Bahnwiderstand R_M des metallischen Elektrodengerüstes zumindest als lokalisierte Parameter und in Parallelschaltung zu C_S und R_S einzuführen. Mit der Festlegung

$$R_g \equiv \sum_{i=1}^{n} R_i \qquad (171)$$

für den seriellen Gesamtwiderstand R_g entsteht die in Bild 42b dargestellte Modell-Schaltung, bestehend aus einer Kombination von lokalisierten und verteilten (bzw. Kontinuums-)Parametern. Es gelten zwischen C_A und C_0 folgende Relationen (vgl. Bild 42e):

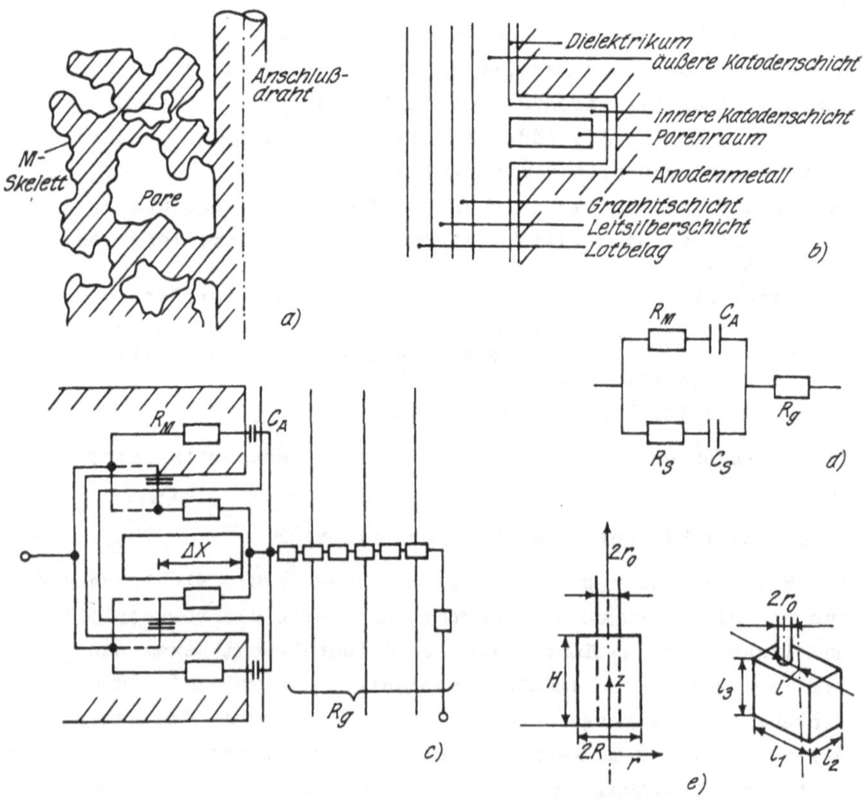

Bild 42: Heterostruktur und Ersatzschaltung des FE-Kondensators
a) poröse Elektrode
b) werkstoffliche Heterostruktur
c) lokalisierte und verteilte Strukturparameter
d) Modell-Schaltung
e) Elektrodengeometrie
f) reales Kontaktiersystem

- für zylindrische Elektroden

$$\left(\frac{C_A}{C_0} \right)_z = \frac{2r_A\,(1-p_A)}{s} \left(\frac{1}{R} + \frac{1}{H} \right), \tag{172}$$

- für prismatische Elektroden

$$\left(\frac{C_A}{C_0} \right)_p = \frac{2\,r_A\,(1-p_A)}{s} \left(\frac{1}{l_1} + \frac{1}{l_2} + \frac{1}{l_3} \right). \tag{173}$$

Es bedeuten p_A die Porosität und r_A die Rauhigkeit der Elektrodenoberfläche. s ist die spezifische Oberfläche der Oxidelektrode. Das Zahlenbeispiel $p_A = 0{,}4$, $r_A = 3$, $s = 250\ cm^2cm^{-3}$, $R = 0{,}33$ cm, $H = 1{,}45$ cm, $l_1 = 0{,}59$ cm, $l_2 = 0{,}38$ cm und $l_3 = 0{,}75$ cm liefert $(C_A/C_0)_z = 0{,}054$ bzw. $(C_A/C_0)_p = 0{,}067$.

Zur Abschätzung der Induktivität dient das in Bild 43a skizzierte Modell. Das zylindersymmetrische Kondensatorelement wird als ein Stück Koaxialkabel der Länge H betrachtet, dessen Innenleiter der Anodenanschlußdraht und dessen Außenleiter der Katodenbelag ist.

Tabelle 14: Systematik und Bewertung der Heteroübergänge in der katodenseitigen Elektrode und Kontaktieranordnung des Festelektrolytkondensators mit poröser Oxidelektrode und hermetisch dichtem Metallgehäuse

Heteroübergang bzw. konstruktiv bedingte Materialübergänge	Bewertung
innere MnO_2-Schicht/ 1. äußere MnO_2-Schicht	Möglichkeit der Kontaktunterbrechung zwischen innerem und äußerem Manganoxidbelag (z. B. Strukturtypen C bzw. D gemäß Abschn. 2.2.3)
Übergänge zwischen den einzelnen MnO_2-schichten des äußeren Belages	Zwischenschichten verhindern die Ausbildung von Homoübergängen
letzte äußere MnO_2-Schicht/Graphitbelag	Risse und schlechte Haftung des Graphitbelages
Graphitbelag/lötfähiger Metallbelag/ (Ag, Cu)	Ausbildung von Zwischenschichten
lötfähiger Metallbelag/Lotbelag	elektrische und mechanische Instabilitäten (Ag-Sulfid, Cu-Oxid, Flußmittel, Mischkristall- bzw. eutektische Zwischenschichten der Systeme Ag-Sn, Cu-Sn)
Lotbelag/Gehäuse	Benetzungsprobleme (industrielle Kontamination bzw. unzureichende Wirkung des Flußmittels)
Gehäuse/Anschlußdraht	Unzureichende Schweißverbindungen (mechanische Fehler)

Der Strompfad I ist entsprechend Bild 43a geschlossen. Anhand der transformierten Ersatzschaltung verteilter Parameter in Bild 43b erhält man eine BESSELsche Differentialgleichung für die komplexe z-abhängige Potentialdifferenz U mit den Randbedingungen $U(0) = U_0$ und $I(H) = 0$, auf deren Lösung hier nicht näher eingegangen werden kann. Ein Koeffizientenvergleich der damit berechneten Eingangsimpedanz mit der Impedanz der in Bild 43c gezeichneten Serienersatzschaltung liefert für die Serienersatzinduktivität den Näherungsausdruck (vgl. Bild 43a).

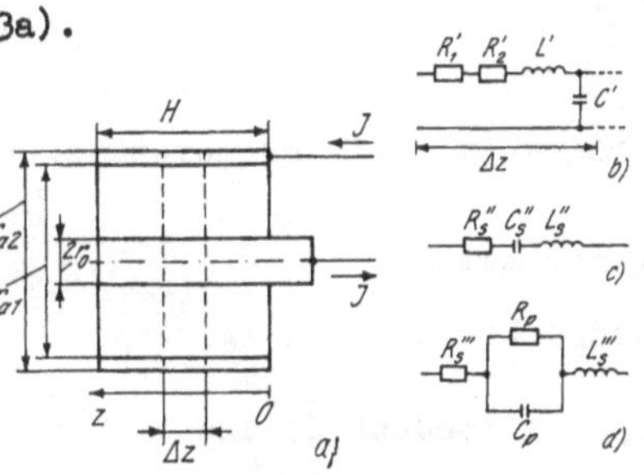

Bild 43:

Ersatzschaltungsmodelle der Kondensatorstruktur

a) Koaxialkabelmodell
b) transformiertes Modell verteilter Parameter
c) lineares lokalisiertes Modell (ideale Kapazität)
d) lokalisiertes Modell (reale Kapazität)

$$L_S = \frac{\mu_m H}{6\pi} \left(\ln \frac{r_{a1}}{r_o} + \frac{\Delta r_a}{3\, r_{a1}} + \frac{1}{4}\right), \tag{174}$$

wobei $\Delta r_a = r_{a2} - r_{a1}$. Für die Selbstinduktivität L_D des Anschlußdrahtes gilt nach /131/ der Näherungsausdruck

$$L_D = \frac{\mu_m l_A}{2} \left(\ln \frac{2\, l_A}{r_o} - 1\right). \tag{175}$$

l_A Anschlußdrahtlänge

Mit $l_A = 6$ cm, $H = 1{,}2$ cm, $r_{a1} = 0{,}35$ cm, $r_o = 0{,}03$ cm und $\Delta r_a \ll r_{a1}$ folgt aus (174) und (175) $L_S/L_D \approx 3\ 10^{-2}$ ($\mu_m = 4\pi\ 10^{-7}$ VsAm^{-1-1}).

Im allgemeinen werden also die Anschlußdrähte die Induktivität des Bauelementes bestimmten. (Bei Chip-Kondensatoren mit sehr kurzen Anschlußelementen ist jedoch auch mit $L_S > L_D$ zu rechnen). Mit obigen Zahlenwerten folgt für den induktiven Scheinwiderstand bei $f \geq 10^6$ Hz ein Wert von $wL_D \gtrsim 0{,}4\ \Omega$, der die Eingangsimpedanz des Bauelementes in diesem Frequenzbereich bereits bestimmen kann. Die Resonanzkreisfrequenz w_{res} der in Bild 43d gezeichneten Ersatzschaltungen lokalisierter Parameter, wie sie für Abschätzungen in der Kondensatorpraxis oft Verwendung finden, lauten für Bild 43c

$$w_{res} = \frac{1}{\sqrt{C_S'' \, L_S''}} \tag{176}$$

und für Bild 43d

$$w_{res} = \sqrt{\frac{R_p^2 \, C_p - L_S^*}{R_p^2 \, C_p^2 \, L_S^*}} \; . \tag{177}$$

Oberhalb von w_{res} überwiegt der induktive Scheinwiderstand.

3.2.3. Berechnung der Bauelementeparameter

a) Eingangsimpedanz: Näherungsausdrücke für niedrige und hohe f

Im Weiteren interessiert die Eingangsimpedanz $\hat{Z}$, die sich aus $\hat{U} = \hat{U}_{Rand} = U_o$ und mit $\hat{I}_g$ aus (149) zu

$$\hat{Z} = \frac{\hat{U}_o}{\hat{I}_g} \tag{178}$$

ergibt und woraus durch Trennung von Real- und Imaginärteil die Serienersatzgrößen C_S, R_S, $\tan \delta_S$ sowie der Betrag Z des Scheinwiderstandes entsprechend (62) bis (65) sofort anzugeben sind. Diese Trennung ist jedoch sehr schwierig für den gesamten Bereich der komplexen Parameter durchzuführen. Zur numerischen Auswertung werden daher die wegen der Konvergenz der Summen in (149) zulässige Näherung mit den ersten Summanden ($\lambda = 1$ in (117), (120) und (132b), α_1 aus Tabelle 15)

$$\hat{Z} = \frac{\hat{\varrho}}{8R\hat{b}^2} \cdot \frac{1}{\dfrac{\pi R^2 \tanh\left[\dfrac{\alpha_1 H}{2\,R}\sqrt{1+\left(\dfrac{R\hat{b}}{\alpha_1}\right)^2}\right]}{\alpha_1^3 \sqrt{1+\left(\dfrac{R\hat{b}}{\alpha_1}\right)^2}} + \dfrac{2H^2 \hat{J}_1\left[\dfrac{i\pi R}{H}\sqrt{1+\left(\dfrac{H\hat{b}}{\pi}\right)^2}\right]}{\pi^2 i \sqrt{1+\left(\dfrac{H\hat{b}}{\pi}\right)^2}\, \hat{J}_0\left[\dfrac{i\pi R}{H}\sqrt{1+\left(\dfrac{H\hat{b}}{\pi}\right)^2}\right]}} \tag{179}$$

verwendet und die
Grenzfälle kleiner bzw. großer komplexer Klammerausdrücke unter den Wurzeln in (179) betrachtet, die den Bereichen niedriger bzw. höherer Frequenzen des Scheinwiderstandes entsprechen.

Für $\hat{c}$ wird (168) und für $\hat{\varrho} = \varrho$ eingesetzt (vgl. Abschn. 3.3.2)

Tabelle 15: Nullstellen der BESSEL-Funktion

λ	α_λ	λ	α_λ
1	2,4048	6	18,0711
2	5,5201	7	21,2116
3	8,6537	8	24,3525
4	11,7915	9	27,4935
5	14,9309	10	30,6346

Es werden dabei die unter Beachtung der Funktionentheorie komplexer Zahlen zulässigen Näherungsausdrücke verwendet. Sie lauten für den Bereich niedriger Frequenzen wie folgt:

$$\hat{\tanh}\left[\frac{\alpha_1 H}{2\,R}\sqrt{1+\left(\frac{R\hat{b}}{\alpha_1}\right)^2}\right] \approx \tanh\left(\frac{\alpha_1 H}{2\,R}\right) + \frac{HR\hat{b}^2}{4\alpha_1} \cdot \left[1 - \tanh^2\left(\frac{\alpha_1 H}{2\,R}\right)\right], \tag{180}$$

$$\frac{1}{\sqrt{1+\left(\frac{R\hat{b}}{\alpha_1}\right)^2}} \approx 1 - \frac{1}{2}\left(\frac{R\hat{b}}{\alpha_1}\right)^2, \tag{181}$$

$$\hat{J}_0\left[i\frac{\pi R}{H}\sqrt{1+\left(\frac{H\hat{b}}{\pi}\right)^2}\right] \approx 1 + \left(\frac{\pi\,R}{2\,H}\right)^2\left[1+\left(\frac{H\hat{b}}{\pi}\right)^2\right], \tag{182}$$

$$\hat{J}_1\left[i\frac{\pi R}{H}\sqrt{1+\left(\frac{H\hat{b}}{\pi}\right)^2}\right] \approx i\sqrt{1+\left(\frac{Hb}{\pi}\right)^2}\left\{\frac{\pi R}{2H} + \frac{1}{2}\left(\frac{\pi R}{2H}\right)^3\left[1+\left(\frac{H\hat{b}}{\pi}\right)^2\right]\right\}. \tag{183}$$

Mit (180) bis (183) und $\tanh\left(\frac{\alpha_1 H}{2\,R}\right) \approx 1$ erhält man aus (179) für die Impedanz $\hat{Z}_0$ für niedrige f

$$\hat{Z}_0 = \frac{g_1\,(1+\xi^2) + wc_0\varrho\,\frac{R^2}{4}\,(1+g_1^2) - i(1+\xi^2)}{8\,a_1\,Rwc_0\,(1+g_1^2)} \tag{184}$$

Darin wurden die Abkürzungen $\xi = \pi R/2H$ sowie

$$g_1 = \frac{g_0}{w} + \tan\,\delta_0 \tag{185}$$

und

$$a_1 = \frac{\pi R^2}{\alpha_1^3}\tanh\left[\frac{\alpha_1 H}{2\,R}\,(1+\xi^2)\right] + \frac{HR}{\pi}\,(1+\frac{1}{2}\,\xi^2) \tag{186}$$

verwendet. g_C wurde gegen 1 vernachlässigt.

Entsprechend (62) bis (65) lauten die Serienersatzparameter in der Näherung niedriger Frequenzen wie folgt:

$$R_{So} = \frac{g_1 \; (1+\xi^2)}{8a_1 \; Rwc_0(1+g_1^2)} + \frac{R \; \xi}{32 \; a_1} \tag{187}$$

$$C_{So} = \frac{8a_1 \; Rc_0 \; (1+g_1^2)}{1 + \xi^2} \tag{188}$$

$$\tan\delta_{So} = g_1 + \frac{w \, \xi c_0 \; (1+g_1^2)}{4\pi H(1+\xi^2)} \tag{189}$$

$$Z_0 = \sqrt{R_{So}^2 + \left(\frac{1}{wC_{So}}\right)^2} \tag{190}$$

Entsprechend den Ausführungen in Abschn. 3.2.2 und Abschn. 3.3 ist im Bereich $w > w_{krit}$ die willkürliche Bedingung $g_1 < 0{,}4$ erfüllt, für die $g_1^2 \ll 1$ gerade noch zutrifft. Führt man diese Vernachlässigung und die Geometriefunktionen

$$g_R^o \equiv \frac{\pi}{8} \frac{(1+\xi^2)\,\alpha_1^3}{2\,\xi\,(1+\xi^2)\,\tanh\frac{\alpha_1\pi}{4}\frac{1}{\xi} + \frac{\alpha_1^3}{\pi}\left(1+\frac{1}{2}\xi^2\right)} \; , \tag{191}$$

$$g_\xi^o \equiv \frac{g_R^o}{4\pi(1+\xi^2)} \tag{192}$$

$$g_C^o \equiv \frac{1}{g_R^o} \; , \tag{193}$$

$$g_\delta^o \equiv \frac{g^o}{g_R^o} \; , \tag{194}$$

in (187) bis (190) ein, wobei

$$c_0 = \frac{C_0}{\pi R^2 \; H} \tag{195}$$

berücksichtigt wurde, so gelten die Näherungsausdrücke

$$R_{So} = \frac{g^{o}_{R}\, g_0}{w^2\, C_0} + \frac{g^{o}_{R}\, \tan\delta_0}{w\, C_0} + \frac{g^{o}_{\varrho}\, \varrho}{H} , \tag{196}$$

$$C_{So} = g_C{}^{o}\, C_0 \left[1 + \left(\frac{g_0}{w} + \tan\delta_0\right)^2\right], \tag{197}$$

$$\tan\delta_{So} = \frac{g_0}{w} + \tan\delta_0 + \frac{g^{o}_{\delta}\, w\, \varrho\, C_0 \left[1 + \frac{g_0}{w} + \tan\delta_0)^2\right]}{H}, \tag{198}$$

$$Z_o = \frac{g^{o}_{R}}{wC_0} \sqrt{1 + \tan^2\delta_{So}} . \tag{199}$$

$\tan\delta_{So}$ durchläuft nach (198) in Abhängigkeit von w ein Minimum, da

$$\frac{d^2(\tan\delta_{So})}{dw^2} = \frac{2g_0\left(1 + \frac{g^{o}_{\delta}\, g_0\, C_0 \varrho}{H}\right)}{w^3} > 0. \tag{200}$$

Aus

$$\frac{d(\tan\delta_{So})}{d\,w} = 0 \tag{201}$$

erhält man exakt

$$w_{\min} = \sqrt{\frac{g_0\,(H + g^{o}_{\delta}\,\varrho\, g_0\, C_0)}{g^{o}_{\delta}\,\varrho\, C_0\,(1/\tan^2\delta_0)}} . \tag{202}$$

Mit der Näherung

$$w_{\min} \approx \sqrt{\frac{g_0\, H}{g^{o}_{\delta}\,\varrho\, C_0}} \tag{203}$$

folgt

$$\tan\delta_{So}\,(w_{\min}) \approx \tan\delta_0 + 2\sqrt{\frac{g^{o}_{\delta}\, g_0\, \varrho\, C_0}{H}} . \tag{204}$$

Den Näherungsausdruck von (179) für den Bereich hoher Frequenzen erhält man unter Berücksichtigung der Grenzwerte (vgl.(120), (132), (106), (168))

$$\lim_{w\to\infty} \hat{\alpha}_{\beta 1} \approx \sqrt{wc_0\,\varrho}\;\sqrt{-\,(\tan\delta_0 + i)} = i\,\hat{b}_{\infty}, \tag{205}$$

$$\lim_{w \to \infty} \hat{\beta}_1 \approx w c_0 \varrho \sqrt{\tan \delta_0 + i} = \hat{b}_\infty , \qquad (206)$$

$$\lim_{w \to \infty} \tanh \left(\frac{H}{2} \hat{b}_\infty \right) \approx 1 \qquad (207)$$

und

$$\lim_{w \to \infty} \frac{\hat{J}_1 (iR\hat{b}_\infty)}{i \hat{J}_0 (iR\hat{b}_\infty)} \approx 1 . \qquad (208)$$

Mit

$$\hat{b}_\infty \approx \frac{\sqrt{2}}{2} \sqrt{w c_0 \varrho} \left[1 + \frac{1}{2} \tan \delta_0 + i (1 - \frac{1}{2} \tan \delta_0)\right] \qquad (209)$$

und bei Vernachlässigung von $\frac{1}{4} \tan^2 \delta_0$ gegen $\tan \delta_0$ sowie wegen (195) folgt

$$\hat{Z}_\infty = \frac{1}{B} \sqrt{\frac{\varrho}{wHC_0}} \left[1 + \frac{1}{2} \tan \delta_0 - i (1 - \frac{1}{2} \tan \delta_0)\right] \qquad (210)$$

mit

$$B = \frac{16}{\alpha_1^2} \sqrt{\frac{2}{\pi}} \left(\xi + \frac{\alpha_1^2}{\pi} \right). \qquad (211)$$

Die Serienersatzparameter für den Bereich hoher Frequenzen lauten

$$R_{S\infty} = g_R^\infty \sqrt{\frac{\varrho}{w H C_0}} (1 + \frac{1}{2} \tan \delta_0), \qquad (212)$$

$$C_{S\infty} = g_C^\infty \sqrt{\frac{H C_0}{w \varrho}} (1 + \frac{1}{2} \tan \delta_0), \qquad (213)$$

$$\tan \delta_{S\infty} = 1 + \tan \delta_0 \qquad (214)$$

und

$$Z_\infty = g_R^\infty \sqrt{\frac{\varrho}{w C_0 H}} \frac{1}{1 + \frac{1}{2} \tan \delta_0} \sqrt{1 + \tan^2 \delta_{S\infty}} , \qquad (215)$$

wobei Glieder mit $\frac{1}{4} \tan^2 \delta_0$ vernachlässigt und die Geometriefunktionen

$$g_R^\infty \equiv \frac{1}{B} \qquad (216)$$

$$g_C^\infty \equiv B$$

$$g_Z^\infty = \frac{\sqrt{2}}{B} \qquad (218)$$

eingeführt wurden.

Da $\tan\delta_0 < 1$, wurde in (213) $(1-\frac{\tan\delta_0}{2})^{-1} \approx (1+\frac{\tan\delta_0}{2})$ verwendet.

Die Geometriefunktionen (191) bis (194) und (216) bis (218) sind in Abhängigkeit vom Geometrieparameter ξ im Bild 44 grafisch dargestellt.

b) Berücksichtigung lokalisierter Parameter

Die Schaltung im Bild 42d wird in eine Serienschaltung der Ersatzparameter R_{Se} und C_{Se} transformiert.

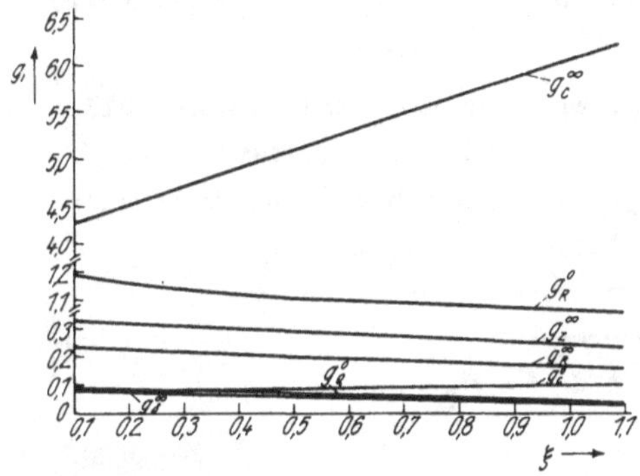

Bild 44:
Geometriefunktionen der Näherung kleiner Frequenzen

Man erhält:

$$C_{Se}=C_S \frac{(1+\frac{C_A}{C_S})^2 + \left[wC_A R_S (1+\frac{R_M}{R_S})\right]^2}{(1+\frac{C_A}{C_S})(1-w^2C_AC_SR_MR_S) + w^2C_AC_SR_S^2(1+\frac{C_AR_M}{C_SR_S})(1+\frac{R_M}{R_S})} \tag{219}$$

$$R_{Se}=R_S \frac{1+\frac{R_M}{R_S}+\frac{R_\varepsilon}{R_S}(1+\frac{C_A}{C_S})^2 + (wC_AR_S)^2(1+\frac{R_M}{R_S})\left[\frac{R_M}{R_S}+\frac{R_\varepsilon}{R_S}(1+\frac{R_M}{R_S})\right]}{(1+\frac{C_A}{C_S})^2 + \left[w\,C_A\,R_S\,(1+\frac{R_M}{R_S})\right]^2} \tag{220}$$

Im Bereich $w \ll w^{II}_{krit}$ gilt $R_M \ll R_S$ und $C_A \ll C_S$. Bei Wegfall aller Terme die R_M/R_S, C_A/C_S und wC_A enthalten, berechnet man aus (219) und (220) nach Einsetzen von (185), (196) und (197) mit Hilfe von (62) bis (65)

$$C_{Seo} = g_C^o \; C_O \,(1 + g_1^2) + C_A, \tag{221}$$

$$R_{Seo} = \frac{g_R^o \, g_1}{w \, C_O} + g_\varrho^o \frac{\varrho}{H} + R_g, \tag{222}$$

$$\tan \delta_{Seo} = \frac{g_O}{w} + \tan \delta_O + wC_O\Big[g_C^o \, g_\varrho{}^o \frac{\varrho}{H} + R_g(g_C^o + \frac{C_A}{C_O}) + g_\varrho^o \frac{\varrho C_A}{HC_O}\Big] \tag{223}$$

$$Z_o = \frac{g_R^o}{w \, C_O} \sqrt{1 + \tan^2 \delta_{Seo}} \quad . \tag{224}$$

Dabei entfielen ferner die g_1^3, wg_1^2 und g_1C_A enthaltenen Glieder. Im Nenner von (224) werden außerdem die Terme mit g_1^2 und C_A weggelassen. In Analogie zu (200) bis (204) läßt sich anhand von (223) zeigen, daß $\tan \delta_{Seo}$ bei

$$w_{min} \approx \sqrt{\frac{g_O}{g_\delta^o \, C_O \frac{\varrho}{H} + g_C^o \, C_O \, R_g}} \tag{225}$$

ein Minimum besitzt.

Der Bereich hoher Frequenzen wird durch

$$C_{Se\infty} = C_A \tag{226}$$

$$R_{Se\infty} = R_g \tag{227}$$

$$\tan \delta_{Se\infty} = w \, C_A \, R_g \tag{228}$$

und

$$Z_\infty = R_g \tag{229}$$

beschrieben. Diese Ausdrücke erhält man durch den Grenzübergang $w \to \infty$ in (219) und (220) bzw. (212) und (213), wobei vorausgesetzt wurde: $C_A \gg C_S$, $R_g \gg R_S$, $wC_SR_S \ll 1$, $R_M \ll R_S$.

3.3 Diskussion der Theorie anhand des f- und T-Verhaltens

Wie in Abschn. 3.2.3 gezeigt, ist eine quantitative Auswertung der Eingangsimpedanz mit einfachen Mitteln möglich, wenn die komplexen Ausdrücke (s. 179))

$$\left(\frac{R\hat{b}}{\alpha_1}\right)^2 = i\,\frac{R^2}{\alpha_1^2}\,\varrho w c_0 \left[1+g_C-i\left(\frac{g_0}{w}+\tan\delta_0\right)\right], \qquad (230)$$

$$\left(\frac{H\hat{b}}{\pi}\right)^2 = i\,\frac{H^2}{\pi^2}\,\varrho w c_0 \left[1+g_C-i\left(\frac{g_0}{w}+\tan\delta_0\right)\right] \qquad (231)$$

vom Betrag klein bzw. groß sind. Da g_C, g_0, $\tan\delta_0$ ohnehin als klein vorausgesetzt wurden, läuft die betragsmäßige Unterscheidung auf die Vorfaktoren $\beta_R \equiv \frac{R^2}{\alpha_1^2}\varrho w c_0$ und $\beta_H \equiv \frac{H^2}{\pi^2}\varrho w c_0$ hinaus, worin prinzipiell jeweils einer der Parameter ausschlaggebend sein kann. In der Praxis sind c_0, H, R im allgemeinen relativ enge Grenzen gesetzt. ϱ überstreicht dagegen, konstruktiv bzw. technologisch bedingt, bereits zwei bis drei Größenordnungen. Die größte Variabilität mit 8 bis 9 Größenordnungen besitzt f, weshalb im Abschn. 3 die Auswertung unter diesem Aspekt erfolgte.

Unter der Voraussetzung $H/\pi > R/\alpha_1$ folgt wegen $\beta_H > \beta_R$ aus der Forderung $(H\hat{b}/\pi)^2 < 1$ eine kritische Frequenz

$$f_{krit} = \frac{\pi}{2H^2\varrho c_0} \qquad (232)$$

die den Bereich hoher f von dem niedriger trennt. Die entsprechenden Näherungsausdrücke von (179) wurden in Abschn. 3.2.3 hingeschrieben. Ein Vergleich mit den experimentellen f-Charakteristiken gemäß Abschn. 2.4 zeigt eine gute Übereinstimmung der qualitativen Trends für $f \ll f_{krit}$ bzw. $f \gg f_{krit}$. Die vollständige numerische rechnergestützte Auswertung von (179) /132/ liefert für das Zahlenbeispiel $R = 0{,}15$ cm, $H = 0{,}7$ cm, $\varrho = 1\,\Omega$cm, $c_0 = 250\,\mu$Fcm^{-3}, $g_C = 0$, $g_0 = 4\cdot 10^{-5}$A^{-1}s^{-1}, $\tan\delta_0 = 0{,}01$ die im Bild 45 dargestellten reduzierten C_S-, R_S-, $\tan\delta_S$-, Z-f-Abhängigkeiten in guter qualitativer Übereinstimmung mit dem Experiment.

Im Bild 45 fehlt die Resonanzfrequenz, da die Induktivität des Bauelementes in der Theorie nicht enthalten ist. Abgesehen davon, daß bei Überwiegen der induktiven Komponenten der Charakter des Bauelementes seinen praktischen Sinn verliert, läßt sich leicht zeigen, daß bei diskreten Bauelementen f_{res} im wesentlichen durch die Anschlußdrähte bestimmt wird, weshalb eine Vernachlässigung der verteilten induktiven Komponenten in erster Näherung zulässig ist. Mit $l_A = 6$ cm, $H = 1{,}2$ cm, $r_o = 0{,}03$ cm folgt aus (175) $L_D = 7 \cdot 10^{-8}$ VsA^{-1}, und man erhält mit $L_S = L_D$ und $C_S \leq 100\,\mu F$ aus (176) $f_{res} \geq 6 \cdot 10^4$ Hz. Ohne hier näher darauf eingehen zu können, sei bemerkt, daß zunehmende Abweichungen zwischen Experiment und Theorie auftreten, je weniger die Manganoxid-Strukturtypen dem Idealtyp A - 1 entsprechen. Das kastenförmige Symbol im Bild 17a bedeutet in der seitlichen Berandung den Oxidelektrodenrand ($x = \pm R$). In der Ordinatenrichtung ist die mittlere Manganoxiddicke in Abhängigkeit von x schematisch aufgetragen (gestrichelte Linie), die gleich Null bei vollständiger Abwesenheit und gleich 1 bei entsprechend den technologischen Bedingungen

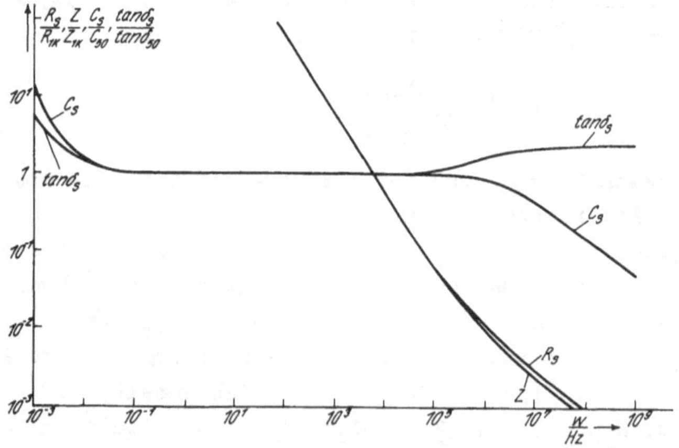

Bild 45: Theoretische Frequenzcharakteristik verschiedener reduzierter Bauelementeparameter (Modell der verteilten Parameter)

(s. Abschn. 4) maximaler Porenfüllung (Schichtdicke) des Manganoxids beträgt. Damit charakterisieren die Symbole im Bild 17a Strukturtypen, die vom idealen Typ A hinsichtlich mittlerer Schichtdicke (Typ B) bzw. räumlicher Verteilung (Typ C bis F) z. T. erheblich abweichen. Die Strukturtypen 2 und 3 (Lückenschicht, Schicht mit variabler Dicke) sind vorzugsweise an die Makrostrukturtypen C und F gebunden, die vor allem bei hydrophobierten Oxidelektroden vorkommen.

Die lokalisierten Komponenten modifizieren bei genauer Analyse das Ergebnis. In den Parametern c_0, tan δ_0 usw. ist die T-Abhängigkeit enthalten. Man kann zeigen, daß tanδ_S bei niedrigen T und f durch die T-Abhängigkeit von ϱ_{Mn} bestimmt ist, da entsprechend der Darstellung von $\tan^{-1} \delta_S$ über T^{-1} im Bild 14 die Aktivierungsenergie für $T < 10$ °C mit der von ϱ_H übereinstimmt. Bei $T > 10$ °C setzt sich die T-Abhängigkeit von C_0 durch.

4. THEORIE WICHTIGER TEILSCHRITTE DER BAUELEMENTETECHNOLOGIE VON MOFE-KONDENSATOREN MIT PORÖSER ANODE

Die technologische Entwicklung bei Festelektrolytkondensatoren ist längst nicht abgeschlossen. Auch wegen der verfahrenstechnischen Komplexität wird es kaum gelingen, eine umfassende, über die praktischen Erfahrungen hinausgehende theoretische Interpretation aller technologischen Zusammenhänge zu geben. Es sollen deshalb an dieser Stelle nur einige wesentliche Teilschritte der Basistechnologie von MOFE-Kondensatoren mit poröser Sinteranode kurz und im Rahmen eng begrenzter Modellvorstellungen behandelt werden.

Man hat davon auszugehen, daß sich im 25jährigen Entwicklungszeitraum bestimmte technologische Hauptschritte erhalten haben. Sie sind im nachstehenden Schema für die diskrete Variante des Festelektrolytkondensators mit poröser Sinteranode bis zum Arbeitsschritt "Sortieren" dem Ablaufschema im Herstellungsprozeß der älteren Gruppe von Elektrolytkondensatoren mit Foliewickel und flüssigem Elektrolyt sowie der jüngeren, integrierten

Festelektrolyt-Schichtvariante gegenübergestellt. (Beim MOM-Schichtkondensator entfällt der Teilschritt "Beschichten mit Festelektrolyt").

4.1. Bemerkungen zur Sinterkörperherstellung

Ein werkstoff-technologischer Entwicklungstrend, der auch künftig eine Hauptforschungsrichtung kennzeichnet, betrifft die Lösung der Extremwertaufgabe $c_0 \rightarrow$ Maximum. Beim Elektrolytkondensator ist ε praktisch festgelegt, denn wenn man von der für dieses Bauelement typischen anodischen Oxidformierung ausgeht, bilden Anode und Dielektrikum eine physikalisch-chemisch untrennbare Oxidelektrode mit verhältnismäßig engem Spielraum von ε. Die Extremwertaufgabe reduziert sich auf ein maximales Verhältnis s/d_0 (s spezifische Oberfläche). Ihre Lösung stellt hohe Anforderungen an den Anodenwerkstoff. Einige wichtige Werkstoffkriterien für Sinteranoden lauten mit Bezug auf die oben genannte Übersicht wie folgt:

- hohe Reinheit des Ausgangspulvers:
  Angaben zur "Kondensatorqualität" von Ta-Pulvern finden sich in /133/.
- hohe Teilchenstabilität des Pulvers unter Sinterbedingungen:
  Um möglichst hohe spezifische Kapazitäten zu erreichen, wird die Pulverstruktur ständig weiterentwickelt, wobei die mittlere Teilchengröße abnimmt. (Zur Veranschaulichung von A_{FE} im Bild 1 sei ein Sinterkörper durch eine kubisch primitive Packung kugeliger Teilchen dargestellt. Man berechnet für die sich berührenden Kugeln vom Radius r_K die spezifische Oberfläche zu

$$s = \frac{\pi}{4\, r_K} \; . \qquad (233)$$

(Das Zahlenbeispiel r_K = 1, 10, 100 (in μm), s = 7850, 785, 78,5 (in cm^2cm^3) ergibt ($s \equiv A_{FE}$), daß die aktuellen mittleren Teilchenradien von Ta-Pulvern bei 2 bis 4 μm liegen).

Mit abnehmendem r_K verschiebt sich das Verhältnis zwischen geometrischer und Gitterfehleraktivität beim Sintern zugunsten der ersteren. Um dem entgegenzuwirken, wurden in letzter Zeit Pul-

Technologische Ablaufschemata

diskreter MOFE-Kondensator (poröse Sinterkörperelektrode)	Wickelkondensator mit flüssigem Elektrolyt (geätzte Folie)	integrierte Schaltung mit MOFE-Dünnschichtkondensator
M -Pulver, Draht ↓ Pressen ↓ Sintern ↓ Formieren (anodisch oxydieren) ↓ MnO_2-Beschichten: Imprägnieren ⇄ Pyrolyse → Zwischenformierung → Imprägnieren ↓ Kontaktieren ↓ Montage ↓ Streßbehandlung ↓ Messen ↓ Sortieren	M -Folie ↓ Ätzen ↓ Formieren ↓ Zuschneiden ↓ Wickeln (mit Abstandhalter) ↓ Imprägnieren (Betriebselektrolyt) ↓ Montage ↓ Nachformieren ↓ Messen ↓ Sortieren	Substrat ↓ Leiterbahnen, Widerstände ↓ Fotolithografie ↓ Kondensatorgrundelektrode ↓ Fotolithografie ↓ Kontaktinseln ↓ Fotolithografie ↓ Dielektrikum ↓ Festelektrolyt ↓ Fotolithografie ↓ Kondensatorgegenelektrode ↓ Lackmaske entfernen ↓ Strukturieren und Funktionsabgleich ↓ Montage ↓ Messen ↓ Sortieren

ver mit bi- bzw. polymodaler Porosität entwickelt. Bild 46a zeigt z. B. ein Ta-Pulvergemisch aus hochporösen agglomerierten bzw. rauhen kompakten Teilchen. Für $c_0 \rightarrow$ Max. ist es wichtig, die poröse Teilchenstruktur im Sinterkörper möglichst

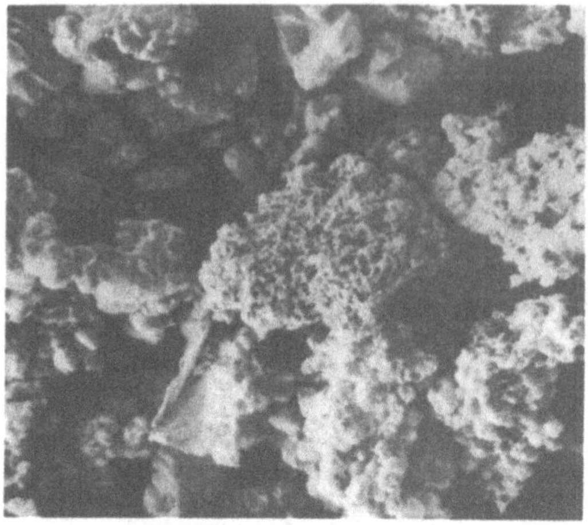

Bild 46a:
Ausgangsmischung kompakter und agglomerierter Ta-Pulver für Kondensatorelektroden

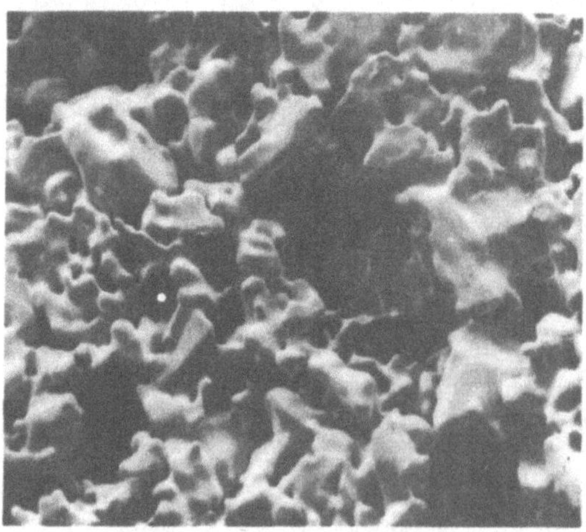

Bild 46b:

Struktur eines agglomerierten Teilchens nach dem Sintern

zu erhalten, was praktisch wegem der mit dem Teilchenformfaktor K_T ansteigenden freien Oberflächenenergie nur begrenzt möglich ist.
Im Bild 46b ist deutlich zu erkennen, wie kleine Teilchen in einem agglomerierten Ta-Pulverkorn durch Hochvakuumwärmebehandlung (Sinterparameter: $T = 1950\ ^{o}C$, $t = 30$ min) mit größeren Nachbarn versintern. Die Abnahme der freien Oberflächenenergie geschieht auf Kosten einer K_T-Verringerung bei gleichzeitiger Volumenzunahme der großen Teilchen, die die kleinen in sich aufnehmen. Dies wird durch eigene Vergleichsmessungen der spezifischen Oberfläche von Ta-Pulvern und aus diesen hergestellten Sinterkörpern mit Hilfe des N_2-BET-Verfahrens belegt. Die Zahlenwerte betragen z. B. $s \approx 4000$ cm^2cm^{-3} für Pulver und $s = 1460\ cm^2cm^{-3}$ für Sinterkörper, wobei

$T = 1950\ ^{\circ}C$, $t = 30$ min beim Sintern,

- hohe Kornstabilität und geringe Rauhigkeit des Anodendrahtes: Wegen $T \gtrsim 0{,}6\ T_{Sch}$ (beim Sintern) und $T_R \gtrsim 0{,}4\ T_{Sch}$ (T_{Sch} Schmelz-, T_R Rekristallisationstemperatur) ist eine Kornstabilisierung erforderlich. Dies geschieht z. B. bei Ta durch Dotierung mit Yt, das durch Ausscheidung die Korngrenzenbeweglichkeit herabsetzt. Nicht kornstabilisierte Drähte sind mit den mechanisch-technologischen Prozeßanforderungen ebenso inkompatibel wie Ziehriefen bzw. Korngrenzenmikrorisse an der Drahtoberfläche (vgl. Bild 47).

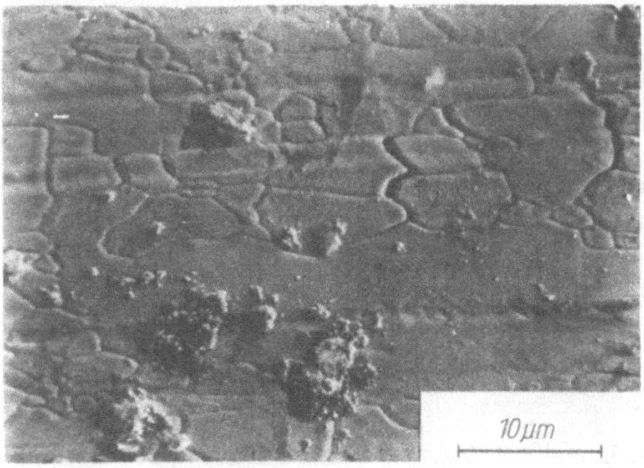

Bild 47: Thermisch angeätzter Anodenanschlußdraht mit Korngrenzenrissen

- optimale Löslichkeit von Sauerstoff und Kohlenstoff im Anodenwerkstoff:

Gas-Metall-Reaktionen im Teilchenkontaktbereich bestimmen das Sinteranfangsstadium. Am Teilchenkontakt vorhandene Oxidschichten sind infolge des geringen Dissoziationsdruckes auch unter Sinterbedingungen gegen Verdampfung stabil. Eine hohe Sinterbereitschaft erfordert daher den Oxidabbau durch Reduktion und Auflösung des Sauerstoffs in der angrenzenden Matrix. Bei Kondensator-Metallen wie Al mit geringer O-Löslichkeit und hoher Oxidstabilität treten deshalb Probleme im Sinteranfangsstadium hervor.

Schematisch kann man diesbezüglich die folgenden vier Modellfälle unterscheiden:

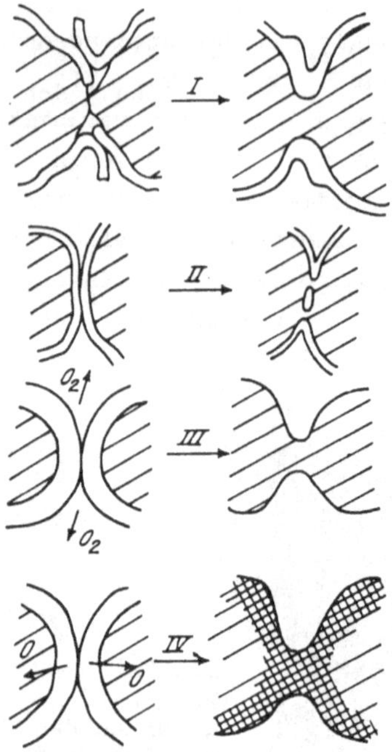

I) Oxid ist so dünn, daß die Preßkräfte im Kontaktbereich der Teilchen das Oxid zerstören und M/M-Kontakte ermöglicht werden.

II) Oxid ist so dünn bzw. durchlässig, daß eine wechselseitige Diffusion und Adhäsion einen haftfesten, elektrisch leitenden Teilchenkontakt ermöglicht.

III) Dissoziationsdruck des Oxids ist so groß, daß es zerfällt und sublimiert, wodurch der M/M-Kontakt zustande kommt.

IV) Lösungsdruck des Sauerstoffs ist so groß, daß das Oxid zerfällt und der Sauerstoff durch Diffusion in das benachbarte Metallgitter abdiffundiert, die feste Lösung M-O bildet eine haftfeste, elektrisch leitende Verbindung.

Das erlaubt eine Einordnung der Ventilmetalle aufgrund der Löslichkeit für Sauerstoff (vgl. Anhang 1) und der Oxidstabilität (vgl. Anhang 2) bzw. -flüchtigkeit:

Metall	Mechanismus
Nb,Ta	III/IV
Al,Be	I/II
Ti,Zr	IV
Mo,W	III

Die Löslichkeit soll im Sinne eines intensiven Diffusionsbarrierenabbaus am Teilchenkontakt auch zur atomaren Dispersion von Kohlenstoff (Verhinderung von Karbidausscheidungen an der Elektrodenoberfläche) sowie minimaler Phasengrenzreaktion im Grenzbereich Elektrode/Dielektrikum (z. B. Mikro- und Elektronenstrukturlabilisierung durch Reduktion des Oxides und Auflösung des Sauerstoffs in der Elektrodenmetall-Matrix, vgl.

Abschn. 2.2.1) beitragen. Die Signifikanz der Gasaufnahme wandelt in diesem Sinne im technologischen Prozeß- bzw. Funktionsablauf (Lebensdauer) des Bauelementes ihren Charakter. Daher sind mittlere Eigenschaftswerte (nicht zu hohe bzw. nicht zu geringe Löslichkeit) wünschenswert bzw. eine Eigenschaftswandlung im technologischen Ablauf (z. B. Dotierung des Sinterkörpers mit Sauerstoff) anzustreben, indem man zunächst extremale Eigenschaftswerte (z. B. hohe Löslichkeit) in den mittleren Bereich rückt.

- hohe Sintertemperatur des Anodenwerkstoffes:
Dem eigentlichen Sinterprozeß sind Reinigungsstufen überlagert. Die Entgasung der Rückstände organischer Hilfsstoffe ist notwendig - sie sind im Preßkörper zu 0 bis 4 Gew.% enthalten - um den Ausgangspegel des Kohlenstoffgehaltes im Pulver am Sinterkörper zu reproduzieren. Da die optimalen Sintertemperaturen (z. B. $T_{Al} \gtrsim 600\ ^{o}C$, $T_{Ta} \lesssim 2000\ ^{o}C$) oberhalb des für die Karbidbildung charakteristischen Temperaturbereiches liegt und der Stabilitätsbereich der Karbide weit über die Sintertemperatur hinausreicht, wird dieses Ziel mit der herkömmlichen Technologie nur bedingt erreicht.

- polymodale Porosität des gesinterten Anodenwerkstoffes:
Feinporige (hohe spezifische Oberfläche) und grobporige Bestandteile (niedriger elektrischer Serienwiderstand des Katodenmaterials) des offenen, vernetzten Porensystems sind hinsichtlich der räumlichen Verteilung am Sinterkörper der Imprägniertechnologie anzupassen, in deren Ergebnis eine elektrisch gut leitende, zusammenhängende und alle Porenoberflächen bedeckende Katode vorliegen muß. Um die Benetzung des Porenraumes mit Flüssigkeiten zu gewährleisten, darf die Porosität der äußeren Sinterkörperoberfläche nicht zu stark herabgesetzt werden (z. B. durch Preßformreibung bzw. Übersinterung).

Für das Kondensatorelement interessiert nur die von außen zugängliche Festkörperoberfläche des offenen Porensystems (offene Porosität p, spezifische Oberfläche der offenen Poren s). Zum qualitativen Vergleich der Sintergefügestruktur bei unterschiedlichen praktischen Pulver-Körnungen und -Strukturen der älteren Generation dienen die metallografischen Schliffaufnahmen im Bild 48, denen typische c_{fl}-Werte für U_F = 100 V[1]) zugeordnet sind. Zwischen Preß- und Sinterparametern und elektrischen Funktionsparametern des Bauelementes bestehen enge Korrelationen. Empirisch wurde bei eigenen Untersuchungen zwischen der bei einer Frequenz von 50 Hz gemessenen Serienkapazität C_{50} des Bauelementes und der Preßdichte ρ_p (8,4 bis 9,2 gcm^{-3}) sowie den Sinterparametern T (Sintertemperatur: 1870 bis 2370 K) und t (Sinterzeit: 7 bis 60 min) folgende Beziehung gefunden:

$$C_{50} = \frac{A_1}{T} + A_2 \ln(t) + \frac{A_3}{\rho_{Ta} - \rho_p} + A_4. \tag{234}$$

ρ_{Ta} = 16,6 gcm^{-3} ist die spezifische Dichte des kompakten Tantals. Die Zahlenwerte der empirischen Konstanten A_i lauten für

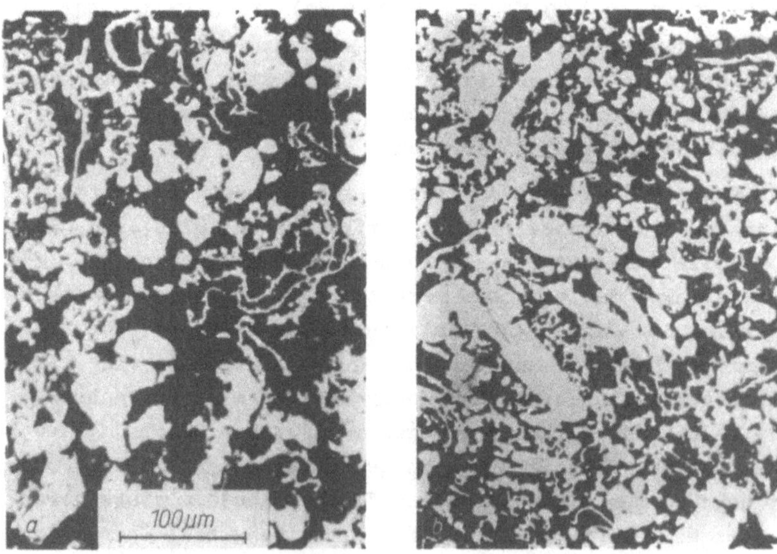

a) c_0 = 0,166 b) c_0 = 0,223

1) c_{fl} ist die mit wässriger H_2SO_4 (35 %ig) als Elektrolyt an Oxidelektroden, die bis zur Spannung U_F formiert worden sind, gemessene Kapazitätsdichte.

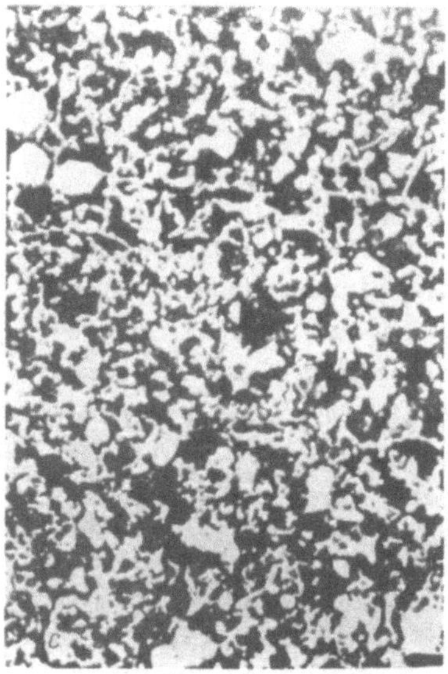

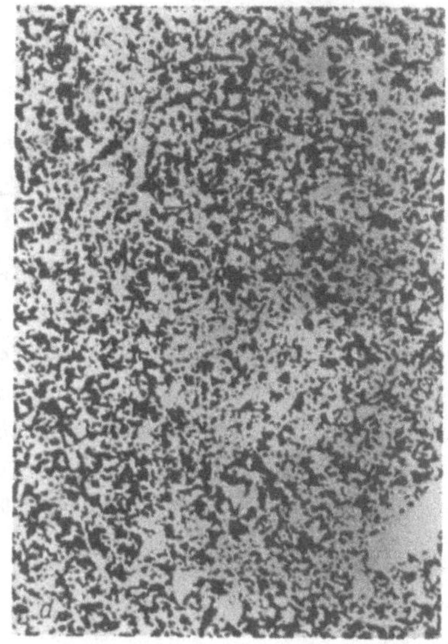

c) $c_0 = 0{,}261$ d) $c_0 = 0{,}457$

<u>Bild 48</u>:

Metallografische Schliffaufnahmen an Sinterkörpern unterschiedlich pulverstrukturell begründeter c_0 (Poren schwarz im Bild) und Isoliniendarstellung der offenen Porosität einer praktischen Sinterkörperelektrode

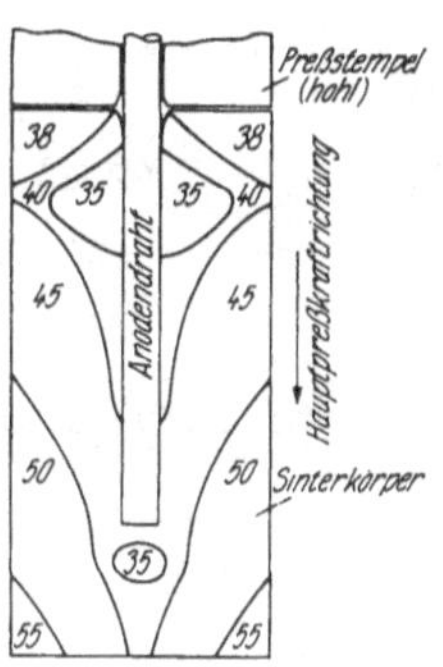

e) Porositäts-Isoliniendarstellung

für zwei pulverstrukturell begründete c_{fl}-Werte wie folgt:

$c_{fl}/\mu Fmm^{-3}$	A_1	A_2	A_3	A_4
0,166	3,29 10^4	-1,61	-24,39	15,79
0,261	7,83 10^4	-3,65	-82,05	33,88

(In (234) sind die technologischen Parameter T in K, t in min, μ_i in gcm^{-3} dimensionslos einzusetzen, dann erhält man C_{50} in μF). Die realen p- und s-Werte sind am praktischen Sinterkörper ortsabhängig (vgl. Bild 48e).

4.2 Anodische Oxydation poröser Elektroden

Die anodische Oxydation ist ein Teilphänomen der Deck- bzw. Passivschichtbildung, die für den Korrosionsschutz der Elemente und ihrerLegierungen von großer Bedeutung ist. Im thermodynamischen Gleichgewicht der Festkörperoberfläche mit einem flüssigen Elektrolyt kann man nach /134/ folgende Mechanismen von fundamentaler Bedeutung unterscheiden, die im realen System prinzipiell gleichzeitig und nicht voneinander unabhängig ablaufen können ($z = 2\,n/m$ Wertigkeit des Kations):

a) anodische Oxidschichtbildung

$$mM + nH_2O \rightleftharpoons M_mO_n + 2\,nH^+ + 2\,ne^-, \tag{235}$$

b) anodische Metallauflösung

$$M + nH_2O \rightleftharpoons M^{z+}\,(H_2O)_n + ze^-, \tag{236}$$

c) chemische Oxidschichtauflösung

$$M_mO_n + 2\,nH^+ \rightleftharpoons mM^{z+} + nH_2O, \tag{237}$$

d) oxydative bzw. reduktive Oxidschichtauflösung

$$M_mO_n + 2\,nH^+ \rightleftharpoons mM^{(z+1)}{}_+ + me^- + nH_2O, \tag{238}$$

$$M_mO_n + 2\,nH^+ \rightleftharpoons mM^{(z-1)}{}_+ + nH_2O \tag{239}$$

e) Bildung metastabiler Oxide, wenn die Wachstumsrate (235) die Lösungsraten (237) bis (239) übersteigt.

Das Anlegen einer äußeren Spannung stört das Gleichgewicht. Trotzdem sind die Mechanismen a) bis e) weitgehend auch zutreffend bei der Formierung von Oxidelektroden für Festelektrolytkondensatoren, die man sogar bei relativ hohen elektrischen Feldstärken durchführt. Die Feldstärke E^*, bei der der Ionenstrom den Hauptanteil des Ladungstransportes durch das Oxid ausmacht, läßt sich mit $E^* \approx 1/\beta^*$ bzw. E_D abschätzen.

Es sind beispielsweise die in Tabelle 16 angegebenen galvanostatischen Wachstumskonstanten für T = 20 °C bekannt.

Tabelle 16: Wachstumskonstanten anodischer Oxide

Oxid	β^* (nmV^{-1})	Oxid	β^* (nmV^{-1})
Ta_2O_5	1,6	TiO_2	2,5
Nb_2O_5	2,2	WO_3	2,0
Al_2O_3	1,4	Ta,Al-Oxid	1,52
ZrO_2	2,0	Ta,Ti-Oxid	1,88
SiO_2	1,7	Ta_2N-Oxid	1,4
Y_2O_3	3,0	Ti,Nb-Oxid	1,7
		GaAs-Oxid	2,0

Daraus folgt $E^* = 3$ bis $7 \cdot 10^6$ Vcm^{-1}. Die Reaktion (235) bei $E \geq E^*$ ist elementare Voraussetzung für die Kondensatoranwendung. Die Fälle b) bis e) sind dagegen unerwünscht, bilden aber eine unvermeidliche Begleiterscheinung, mit der sich die Kondensatorpraxis stets auseinanderzusetzen hat. Die Elemente lassen sich wie folgt grob zuordnen:

Mechanismus a) Nb, Ta, Zr; Mechanismus c) Ti;
Mechanismus b) Al, Ti; Mechanismus d) Mo, W.

Neben den genannten Mechanismen wird man, ausgehend von der blanken Elektrodenoberfläche, weitere Erscheinungen zu beachten haben, um beispielsweise den für die Oxidbildung wichtigen, geschwindigkeitsbestimmenden Teilschritt zu erkennen. Dazu gehören Transporterscheinungen im Formierelektrolyt, Grenzflächenreaktionen (z. B. prototropische Austauschreaktionen an der Grenzfläche Elektrolyt/Metalloberfläche) und Transport im Oxid selbst. Eine wesentliche Erkenntnis der umfangreichen Forschungen ist die Tatsache, daß die Wachstumskinetik praktisch aller brauchbarer anodischer Oxide durch die thermisch assistierte Felddiffusion von ionischen Ladungsträgern im Oxidvolumen bestimmt ist, obgleich sehr unterschiedliche Transportzahlen für kat- und anionische Teilchen bekannt geworden sind (vgl. Tabelle 17).

Tabelle 17: Anionen- und Kationentransportzahlen anodischer Oxide

Oxid	Transportzahlen (bei $j = 0{,}1 \ldots 10 mAcm^{-2}$ $T = 20\,^{\circ}C$, $E \geq E^{*}$)	
	Anionen	Kationen
Al_2O_3	0,67 ... 0,28	0,33 ... 0,72
Nb_2O_5	0,78 ... 0,67	0,22 ... 0,33
Ta_2O_5	0,75 ... 0,71	0,25 ... 0,29
ZrO_2	1,00 ... 0,95	0 ... 0,05
HfO_2	0,95	0,05
WO_3	0,70 ... 0,63	0,30 ... 0,37

Die temperatur- und feldstärkeabhängige Formierstromdichte im Oxid gibt man halbempirisch zu

$$j_0 = 2a\,\nu\,n_{ion}\,\exp - \left[\frac{\phi - z e\, a\, E + b\,(E)}{kT}\right] \qquad (240)$$

an. a, ν bedeuten die Sprungdistanz bzw. -frequenz und ϕ die Energiebarrierenhöhe als Mittelwerte für eine die Reaktionsgeschwindigkeit bestimmende Teilchensorte der Dichte n_{ion}, Ladung e und Wertigkeit z. Mit $b(E) = \beta' E^2$ (β' Konstante) ergibt (240) bei Tantaloxid die beste Übereinstimmung mit dem Experiment. Es werden folgende empirische Zahlenwerte für $T = 20\,^{\circ}C$ angegeben /135/, /136/, /36/:

$a = 0{,}24$ nm, $\nu = 10^{12}$ Hz, $\phi = 1{,}5 \ldots 2{,}2$ eV, $\alpha_0 \equiv zea/kT = 2{,}14\ 10^{-5} cmV^{-1}$, $\beta'' \equiv \beta'/kT = 1{,}3\ 10^{-12}\ cm^2V^{-2}$.

Der Fall b (E) = 0, der zur Interpretation experimenteller Ergebnisse bei beliebigen Anodenelementen oft benutzt wird, ist in /137/, /138/ im Rahmen exakter Modellvorstellungen diskutiert worden. Wesentlich für das Modell ist die Annahme korrespondierender Gleichgewichtslagen, zwischen denen bei zumindest durch das elektrische Feld asymmetrischer Potentialtopfstruktur (vgl. Abschn. 2.2.2 und 2.2.4) Platzwechsel stattfinden. Für die Beschreibung der anodischen Oxydation von Legierungen greift man auf ähnliche Ausdrücke wie (240) zurück.

Dabei wird die große Bedeutung von z sichtbar, das unterschiedliche Beweglichkeiten von ungleichen Kationen verursacht. Dies ist ein wesentlicher Faktor, der in anodischen Oxidschichten auf Legierungsoberflächen zur Ausbildung mehr oder weniger anisotroper Komposit- bzw. Heterostrukturen führt.

Der Mikrokinetik der anodischen Oxidschichtbildung überlagert sich im Elektrolyt/Elektroden-System die Makrokinetik, die im Zusammenhang steht mit raum-zeitlich veränderlichen Formierstromverteilungen und Eigenschaften des Elektrolyt/Elektroden-Systems, insbesondere dann, wenn der zu oxydierende Festkörper ein räumlich vernetztes, in die Tiefe gehendes Porensystem enthält. Bei in-situ-Messungen der Kleinsignal-Wechselspannungskapazität von Sinteranoden während der anodischen Oxydation im wässrigen Elektrolyt wurde bei eigenen Untersuchungen ein nicht monotoner Abfall im Zeitablauf beobachtet. Anhand der charakteristischen Interferenzfarben der anodischen Oxidschicht an der äußeren und inneren (Bruchfläche!) Sinterkörperoberfläche sind Flächenbereiche erkennbar, die zu unterschiedlichen Zeiten ein bestimmtes Formierstadium durchlaufen. Dies ist auf den elektrochemischen Zustand der Festkörperoberfläche (Rauhigkeit, Reinheit, Doppelschicht), die Feldstärkeverteilung (Krümmungsradius und Abschirmeffekte der Festkörperoberfläche, Spannungsabfall im Elektrolyt) und hydrodynamische Effekte des Systems Elektrolyt/poröser Festkörper zurückzuführen. Zur Veranschaulichung zeigen Bild 49a schematisch die zeitliche Abhängigkeit der Dicke d_0 der äußeren anodischen Oxidschicht entlang der Mantellinie eines zylindrischen Sinterkörpers bei axialsymmetrischer Katodengeometrie und Bild 49 b quantitativ das zeitliche Vorschreiten der Formierfront x in das Sinterkörperinnere bei galvanostatischem Formierregime.

4.2.1 Benetzungshypothese

Es wird ein synchrones Vorschreiten des Makromeniskus des flüssigen Elektrolyten mit der Formierfront angenommen, da eine teilweise bzw. vollständige Hydrophobie der Porenoberflächen eine Benetzung des Porenraumes behindert. Die geometrische

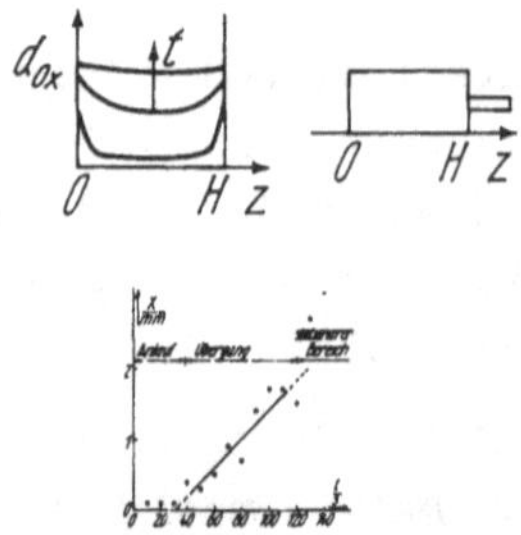

Bild 49:
a) Anodische Oxiddicke an der Perpherie einer zylindrischen porösen Oxidelektrode (t Formierzeitparameter)
b) Experimentelle Eindringtiefe x der Formierfront in der porösen Elektrode in Abhängigkeit von der Formierzeit t (R=0,3 cm, H=1,2 cm)

Oberfläche des Sinterkörpers soll aber von Anfang an benetzt sein. In Übereinstimmung mit den Anmerkungen im Bild 49b ist die Untergliederung in drei kinetische Teilstadien zweckmäßig:

a) Anlaufstadium

Durch den Formierstrom wächst, ausgehend von bevorzugten Flächenbereichen, eine anodische Oxidschicht, wobei in dem Maß, wie deren Dicke und Flächenausdehnung zunehmen, die Kapazität sinkt. Die meßbare Kapazität C_t setzt sich aus zwei zeitabhängigen Anteilen zusammen:

$$C_t = C_{t1} + C_{t2}. \tag{241}$$

Es gilt mit den Flächenanteilen A_i

$$C_{ti} = \varrho_i^* A_i \qquad i = 1,2. \tag{242}$$

ϱ_i^* Proportionalitätsfaktoren

i = 1 soll die Doppelschicht mit ϱ_1^* = konst. repräsentieren. Die anodische Oxydation beginnt entsprechend der Feldstärkeverteilung an bevorzugten Flächenelementen, wobei sich Oxid (i=2) mit $\varrho_2^* = \varrho_2^*[d_0(t)] < \varrho_1^*$ bildet. Die bedeckte Fläche ist durch $A_2 \equiv A_t$ gegeben. Damit folgt aus (241) und (242)

$$C_t = \varrho_1^* (A - A_t) + \varrho_2^* A_t. \tag{243}$$

Diese Charakteristik der Anlaufphase verändert sich nicht grundsätzlich, wenn man eine teilweise Durchimprägnierung des Sinterkörpers von vornherein zuläßt.

b) Übergangsstadium

Sobald die Feldstärke im Bereich der äußeren Festkörperoberflächen unter einen für den Formierprozeß kritischen Wert absinkt, verlagert sich die Reaktionsfront trotz des Potentialabfalles infolge Abschirmung (begrenzte Leitfähigkeit des Formierelektrolyten) in das Innere des Porensystems bis in die Zipfel der Mikromenisken (bzw. in die Ebene des Makromeniskus). Der im Porenraum besonders ins Gewicht fallende Lösungsmittelverbrauch (H_2O) durch Reaktion und Verdampfung löst eine Konzentrationszunahme des Elektrolyten aus. Der Konzentrationsgradient wird durch Diffusion und Konvektion des Lösungsmittels im Elektrolyt nicht ausgeglichen. Die dadurch aktivierten zusätzlichen Kapillarkräfte verlagern den makroskopischen Meniskus weiter nach innen. Proportional zum resultierenden Flüssigkeitsstrom wachsen die benetzten Flächen und damit die Kapazität. Als Modellgrundlage dient Bild 50, das schematisch die Umgebung des (mikroskopischen) Meniskus in einer geraden Einzelkapillare mit dem Radius a zeigt. Der Zipfel des Meniskus geht stetig in eine dynamische Schicht der Dicke $\delta = \delta(z)$ über, die sich in z-Richtung ausbreitet. (Am realen Sinterkörper entsprechen dieser Richtung der entgegengesetzte Radiusvektor und dem Porenrand bei $z = -z_0$ die geometrische Oberfläche). Unter Vernachlässigung der übrigen Komponenten gilt für die Geschwindigkeit $v_z = v_z\,(r)$ der Flüssigkeitspartialströme in z-Richtung die vereinfachte /139/ hydrodynamische Bewegungsgleichung

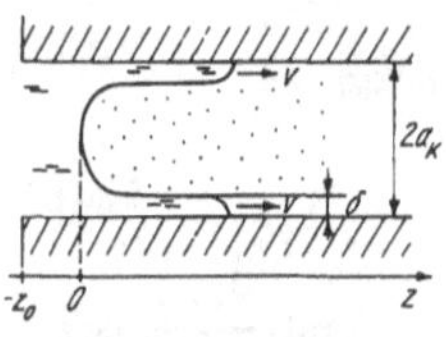

<u>Bild 50:</u>

Herauslösen der dynamischen Schicht aus dem mikroskopischen Flüssigkeitsmeniskus in der Pore

$$\frac{1}{r}\frac{\partial}{\partial r}\left(r\frac{\partial v_z}{\partial r}\right) = \frac{1}{\eta}\left(\frac{\partial p_{fl}}{\partial z} + \mu_{fl}\, g\right) \tag{244}$$

mit den Randbedingungen

$$\frac{\partial v_z}{\partial r} = -\frac{1}{\eta}\frac{\partial \sigma_{fl,g}}{\partial z} \text{ für } r = a_K - \delta \tag{245}$$

und

$$v_z = 0 \qquad \text{für } r = a_K. \tag{246}$$

Der Druck p_{fl} in der Flüssigkeit und die Oberflächenspannung $\sigma_{fl,g}$ sollen nur von z abhängen. Es bedeuten η dynamische Viskosität, μ_{fl} spezifische Dichte des Elektrolyten und g Erdbeschleunigung. Wegen

$$a_K \ll \sqrt{\frac{2\,\sigma_{fl,g}}{\mu_{fl}\,g}} \tag{247}$$

kann man den Schwerkraftterm in (244) vernachlässigen. Mit dieser Bedingung erhält man als Lösung von (244) bis (246) (s. in /139/)

$$v_z = -\frac{a_K - \delta(z)}{\eta}\,\frac{d\sigma_{fl,g}(z)}{dz}\,\ln\left(\frac{r}{a_K}\right) + \frac{1}{4\eta}\,\frac{dp_{fl}(z)}{dz}\cdot$$

$$\cdot\left\{r^2 - a_K^2 - 2\left[a_K - \delta(z)\right]^2 \ln\left(\frac{r}{a_K}\right)\right\}. \tag{248}$$

Der resultierende Flüssigkeitsstrom j_{fl} ergibt sich zu

$$j_{fl} = \int_{a_K-\delta}^{a_K} 2\pi r v_z \; dr\,. \tag{249}$$

Aus (248) und (249) folgt in der Näherung $\delta \ll a_K$ und $\frac{dp_{fl}}{dz} \approx 0$ im mittleren Bereich der dynamischen Schicht

$$j_{fl} \approx \frac{2\pi a_K \delta^2}{\eta}\,\frac{d\sigma_{fl,g}}{dz}\,. \tag{250}$$

Bei Verlagerung der elektrochemischen Reaktionsfront von der geometrischen Oberfläche $z = -z_0$ nach $z > 0$ im Übergangsbereich wird $d\sigma_{fl,g}/dz > 0$ durch folgende Phänomene aufrechterhalten:

a) Lösungsmittelverdampfung (H_2O) durch JOULEsche Erwärmung der dynamischen Schicht (und damit Zunahme der Konzentration c_E des Elektrolyten),

b) Zunahme von c_E durch H_2O-Verbrauch gemäß der Festkörperreaktion (235)

c) Ausbildung eines Temperaturgradienten in z-Richtung.

Zum Beweis dieser Behauptung wird davon ausgegangen, daß die Ausgangskonzentration c_E^o des Elektrolyten klein ist.

Der Konzentrationsausgleich in der dynamischen Schicht geschieht durch Diffusion und Konvektion. Auf jeden Fall trifft $c_E(z_1) < c_E(z_2)$ zu. Unter der Voraussetzung kleiner c_E^o folgt daher

$$\frac{dc_E}{d\,z} > 0, \quad \frac{\partial \sigma_{fl,g}}{\partial c_E} > 0, \qquad (251)$$

wobei wegen

$$\sigma_{fl,g} = \sigma_{fl,g}\left[T(\mathbf{r}), c_E(\mathbf{r})\right]$$

$$\text{grad}\ \sigma_{fl,g} = \left.\frac{\partial \sigma_{fl,g}}{\partial T}\right/_{c_E} \text{grad}\ T + \left.\frac{\partial \sigma_{fl,g}}{\partial c_E}\right/_T \text{grad}\ c_E \qquad (252)$$

und grad $\sigma_{fl,g} > 0$, wenn der erste Term auf der rechten Seite von (252) größer Null bzw. betragsmäßig kleiner als der zweite Term ist.

Zum Vergleich mit dem Experiment (s. Bild 49a) dient wegen $\bar{x} \equiv R - r$ der Ansatz

$$r(t) = R - \bar{x}(t), \qquad (253)$$

wobei empirisch $\bar{x}(t) = \alpha_x t + \beta_x$ mit $\alpha_x = 0{,}02\ \text{mms}^{-1}$ und $\beta_x = -0{,}6$ mm im Übergangsbereich und daher

$$r(t) = R - \beta_x - \alpha_x\, t. \qquad (254)$$

Für die Zunahme der vom Elektrolyt benetzten Sinterkörperoberfläche S_E gilt (j_{fl} als radialen Flüssigkeitsstrom auffassen!) bei gegebener spezifischer Oberfläche s der offenen Poren

$$\frac{d\,S_E}{d\,t} = 2\,\pi\,Hsr(t)\,\frac{dr(t)}{dt}\,, \qquad (255)$$

wobei $H \gg R$ vorausgesetzt wird. Führt man (254) in (255) ein, so folgt

$$\frac{dS_E}{dt} = 2\pi Hs\, \alpha_x (\beta_x - R + \alpha_x t), \tag{256}$$

wonach wegen

$$\frac{d\, C_{fl}}{dt} \sim \frac{d\, S_E}{dt} \tag{257}$$

die Kapazität C_{fl} der Elektrode mit zunehmender Zeit in Übereinstimmung mit Bild 49b im Übergangsbereich linear ansteigen müßte, bis die Reaktionsfront den Ort $r = 0$ erreicht und sich schließlich stationäre Bedingungen einstellen.

Es ist demzufolge für den Übergangsbereich charakteristisch, daß der durch die Reaktion selbst stabilisierte resultierende Flüssigkeitsstrom der dynamischen Schicht die Reaktionsfront vorantreibt. Dies ist ein entscheidendes Kriterium für die Ausbildung einer Oxidschicht im gesamten offenen Porensystem des hydrophobierten Sinterkörpers.

c) Stationäres Stadium

Nach vollständiger Benetzung des Elektrodeninneren verschwindet der resultierende Flüssigkeitsstrom. Die Dicke der Oxidschicht wächst und damit sinkt die Kapazität entsprechend der Feldstärke- und Temperaturverteilung im Inneren der porösen Oxidelektrode. Geschwindigkeitsbestimmend ist nun die Reaktionsdiffusion im Oxid. Es wird vorausgesetzt, daß sich der (konstante) Formierstrom auf die Gesamtfläche des Sinterkörpers gleichmäßig verteilt und die Formierung bei konstanter Feldstärke E_F stattfindet:

$$E_F = \frac{U_F(t)}{d_0(t)} = \text{konst.} \tag{258}$$

Nach dem FARADAYschen Gesetz gilt dann

$$\frac{d}{dt}(d_0) \equiv \alpha_d = \text{konst.} \tag{259}$$

Mit der Anfangsbedingung $d_0 = d_0^0$ für $t = 0$ folgt aus (259)

$$d_0(t) = \alpha_d t + d_0^0 \quad . \tag{260}$$

Der Ansatz $C_t = \alpha_C/d_0$ liefert mit (260)

$$c_t = \frac{\alpha_C}{\alpha_d t + d_0^o} \tag{261}$$

eine mit der Zeit abnehmende Kapazität (α_C Konstante).
Das qualitative C_t-t-Verhalten der hydrophobierten porösen Elektrode bei klarer Ausbildung der diskutierten drei Teilstadien sollte daher das in Bild 51 skizzierte Verhalten zeigen.

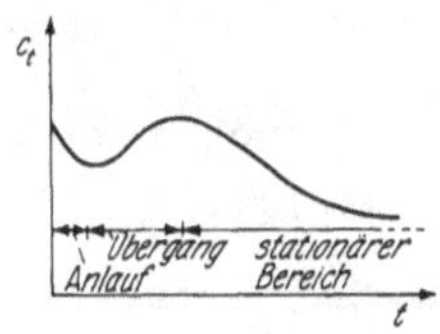

Bild 51:

Kapazitäts-Zeit-Verlauf während der Formierung der hydrophoben porösen Elektrode

4.2.2 Abschirmhypothese

Experimentelle Untersuchungen an porösen Elektroden haben gezeigt, daß der spezifische elektrische Widerstand des Formierelektrolyten in Verbindung mit den geringen Porenradien einen beträchtlichen Einfluß auf die Makrokinetik der Formierung hat. Insbesondere verursacht eine darauf zurückzuführende ungleichmäßige Anfangsformierstromverteilung eine bleibende Schichtdickeninhomogenität in der Oxidelektrode. Das Phänomen des verteilten Formierstromes kann als elektrostatischer Abschirmeffekt der porösen Elektrode interpretiert werden.

Die Modellvorstellung geht von folgenden Voraussetzungen aus:

a) Zur Zeit t = 0 ist der gesamte Porenraum mit dem Elektrolyt gefüllt (hydrophile poröse Elektrode).

b) Die gesamte innere Oberfläche der porösen Festkörperelektrode ist zum Zeitpunkt t = 0 mit einer Oxidschicht der Dicke d_o = konst. bedeckt (Luftoxidschicht).

c) Die spezifische Oberfläche s ist homogen (also ortsunabhängig).

d) Die Stromdichte j_O in der Oxidschicht ist senkrecht zu deren Oberfläche angeordnet und homogen verteilt in deren Volumen (konstante mittlere Feldstärke im Oxidvolumen).

e) Die zeitabhängige Feldstärkeverteilung im porösen Festkörper hat zu jedem Zeitpunkt ein Potential, welches aber selbst t-abhängig und auf der Oberfläche des Metallgerüstes der Elektrode jeweils von konstantem Betrag ist (Gesamtspannung ortsunabhängig).

f) Im Elektrolyt innerhalb des Porensystems ist die Stromdichte j_E über den Radius r der Poren konstant oder kann geeignet gemittelt werden.

g) Temperatur- und Konzentrationsänderungen werden, auch lokal, im gesamten Zeitablauf der Formierung vernachlässigt.

h) Die Richtungsfestlegung für j_O soll von der Elektrolytseite (Porenraum) zum Metallgerüst positiv sein.

Zwischen j_E und j_O besteht ein Zusammenhang. Betrachtet man die Spannung, die bei der Formierung über dem System mit dem Gesamtbetrag U anliegt, zwischen einem frei wählbaren Festpunkt 1 im Porenraum und einem ebenso variablen Punkt 2 im Metallgerüst, so gilt für die zwischen 1 und 2 abfallende Spannung

$$U_{12} = \int_1^2 \frac{\vec{j}_E(\vec{l})}{\varkappa_E} \, d\vec{l} + \frac{d_O}{\alpha_O} \ln\left(\frac{j_O(2)}{j_o}\right). \qquad (262)$$

$d\vec{l}$ ist das Linienelement der Kurvenintegration entlang eines beliebigen, die Punkte 1 und 2 verbindenden Weges innerhalb des elektrolytgefüllten porösen Festkörpers. Zur Herleitung von (262) wurde vom OHMschen Gesetz und von (240) mit b = 0, j_o = 2 a ν n_{ion}exp (-W/kT) und $E_O = U_O/d_O$ Gebrauch gemacht (U_O, E_O Spannungsabfall bzw. Feldstärke über dem Oxid; $d_O = d_o + d$, wobei d die zusätzlich aufwachsende Oxiddicke ist). Wegen d) und h) wurde der zweite Term auf der rechten Seite von (262) vorzeichenrichtig in skalaren Größen hingeschrieben. (262) besagt, daß sich die Spannung zwischen Punkten im Porenraum und im Metallgerüst zusammensetzt aus dem Spannungsabfall U_E im Elektrolyten mit der Leitfähigkeit $\varkappa_E$ und dem Spannungsabfall U_O über der Oxidschicht. Wegen e) und mit $\vec{j}_E = \vec{j}_E\,(\vec{r},t)$, $j_O = j_O\,(\vec{r},t)$ und $d_O = d_O\,(\vec{r},t)$ folgt

$$\vec{j_E} = - \varkappa_E \frac{\partial}{\partial \psi} \left[\frac{d_0}{\alpha_0} \ln\left(\frac{j_0}{j_o}\right) \right] . \quad (263)$$

Wählt man ein beliebiges Teilvolumen V der porösen Elektrode, so muß der gesamte, aus $\vec{j_E}$ resultierende Strom I, der in dieses Volumen hineinströmt, gleich dem über die innere Oberfläche in das Metallgerüst abfließenden Strom sein. Bei gegebener geschlossener Oberfläche A_o von V ist daher

$$I = - \oiint \vec{dA}\, \vec{j_E} = \iiint_V s dV j_0 , \quad (264)$$

wobei $\vec{dA}$ das nach außen gerichtete Flächenelement von A_o, über das sich die Flächenintegration erstreckt, und dV das Volumenelement der Volumenintegration über V ist. Der GAUSSsche Satz liefert aus (264)

$$- \frac{\partial}{\partial \psi} \vec{j_E} = s\, j_0 , \quad (265)$$

woraus mit

$$\frac{\partial^2}{\partial \psi^2} \left(\frac{d_0}{\alpha_0} \ln \frac{j_0}{j_o} \right) = \frac{s}{\varkappa_E} j_0 \quad (266)$$

folgt.

Das FARADAYsche Gesetz lautet in Anwendung auf das gegebene Problem

$$\frac{\partial d_0}{\partial t} = \frac{\mathfrak{M}_0 \varphi_0}{10 \mathfrak{F} \mu_0} j_0 \quad (267)$$

Es bedeuten: $\mathfrak{M}_0$, μ_0 Molekulargewicht bzw. spezifische Dichte des Oxides, $\mathfrak{F}$ FARADAY-Konstante, φ_0 Formiereffektivität der Oxidelektrode. (Für Ta/Ta_2O_5 gilt bei üblichen HF-freien wässrigen Elektrolyten in guter Näherung $\varphi_0 = 1$. Je mehr bei gegebenem M/M_mO_n-System Reaktionen der Typen (236) bis (239) gemäß Abschn. 4.2 eine Rolle spielen - z. B. bei Al/Al_2O_3 - desto kleiner ist φ_0 gegen 1.)

(266) und (267) bilden ein gekoppeltes Differentialgleichungssystem mit folgenden Rand- und Anfangsbedingungen (Stromkonstantregime, Spannungsverteilung an der geometrischen Oberfläche der Oxidelektrode):

$$I = \iiint\limits_V s \, dV \, j_0 = \frac{10 \mathcal{F}/u_0}{\mathfrak{M}_0 \varphi_0} \iiint\limits_V s \, \dot{d}_0 \, dV = \text{konst.}, \qquad (268)$$

$$U_{Rand} = \frac{d_0 \text{ (Rand)}}{\alpha_0} \ln \left[\frac{\dot{d}_0 \text{ (Rand)}}{\beta_0} \right], \qquad (269)$$

worin $\beta_0 \equiv \mathfrak{M}_0 \varphi_0 \; j_0 / 10 \mathcal{F}/u_0$.

(Legt man den Koordinatenursprung bei zylindersymmetrischer Oxidelektrode in das Symmetriezentrum und die z-Achse parallel zur Symmetrieachse, so ist der Rand für U_{Rand}, d_0 bzw. $\dot{d}_0$ zu jedem Zeitpunkt t definiert durch $r = R$ und $z = \pm H/2$).

(266) bis (267) lassen sich in eine partielle, nichtlineare Differentialgleichung 3. Ordnung für d_0 mit entsprechenden Randbedingungen zusammenfassen, deren analytische Lösung schwierig ist. Immerhin sind eine numerische bzw. vereinfachte, z.B. eindimensionale Behandlung möglich. Über entsprechende Ergebnisse wird später berichtet /140/, weshalb an dieser Stelle der Hinweis darauf genügen soll, daß die theoretischen Näherungslösungen des elektrostatischen Abschirmmodells qualitativ sehr gut mit dem experimentellen Befund der hydrophilen Oxidelektrode des Systems $Ta\text{-}Ta_2O_5$-flüssiger Elektrolyt übereinstimmt.

4.3 Grundlagen der Manganoxid-Beschichtung

Der Teilschritt Manganoxid-Beschichtung zur Herstellung des Katodenbelages von Festelektrolytkondensatoren soll formal unterteilt werden in

- Imprägnierung (Benetzung) mit wässrigem Mangannitrat,
- thermische Trocknung (nach Reinigungsstufen) bzw. Entfeuchtung des Mangannitrats bis zur Feststoffablagerung,
- Bedeckung der gesamten Oxidelektrodenoberfläche mit dem MnO_2-Belag.

Die Prozesse der Flüssigkeitsaufnahme und -umlagerung am porösen Festkörper nehmen im technologischen Ablauf der Festelektrolyt-Kondensatorherstellung (Formierung, Reinigung, Imprägnierung, Zwischenformierung, Naßmessung, Graphitieren, Versilbern, Verzinnen) mit einem breiten Spektrum flüssiger Medien

(Wasser, Elektrolyte, Salzlösungen, Suspensionen, Netz- und Flußmittel, Metallegierungen) eine dominierende Stellung ein. Die Wechselwirkungsphänomene der Benetzung, Umnetzung, Flüssigkeitsverdrängung und -durchdringung, chemischen Zersetzung und Entmischung regulieren sehr unterschiedliche Kräfte, auf die hier im einzelnen nicht eingegangen werden kann.

4.3.1 Imprägnierung eines porösen Festkörpers mit Flüssigkeiten

Betrachtet man bei der Imprägnierung des Inneren die Ausbildung des Meniskus der homogenen Flüssigkeit als den entscheidenden Elementarakt, so muß dies zumindest an einem Porenausgang stattfinden (singuläre Anschlußbedingung). Die Flüssigkeit dringt ein,bis das Kräftegleichgewicht erreicht ist. Der reale Flüssigkeitsstrom kann trotz des verzweigten Makroporensystems auch am Rand ausgedehnter hydrophober Domänen zum Stillstand kommen.
Beim Durchströmen des porösen Mediums hinterläßt eine Flüssigkeit Restflüssigkeitsinseln (kapillare Hysteresis), deren Anzahl, Ergiebigkeit und Struktur von den Festkörper- und Flüssigkeitseigenschaften sowie von der Strömungsgeschwindigkeit abhängt. Diese Erscheinung ist für die praktische Manganoxidbeschichtung von relativ großer Bedeutung, da

- der poröse Festkörper beim Imprägnieren von Flüssigkeitsschichten durchströmt wird und in seinem Inneren infolge von Temperaturzyklen vor der Pyrolyse Flüssigkeitsumlagerungen stattfinden,
- die Restflüssigkeitsinseln bei der Pyrolyse in Manganoxidinseln überführt werden,
- die Imprägnierung bei wiederholten Imprägnier-Pyrolyse-Zyklen durch die Manganoxidinseln behindert wird (relative Hydrophobie), da die Restflüssigkeitsinseln mit größter Wahrscheinlichkeit dort verbleiben, wo die größte Ablösearbeit zu leisten ist, und das ist der Ort maximaler Benetzungswahrscheinlichkeit beim Imprägnieren.

Es wäre falsch anzunehmen, daß die Flüssigkeit den realen porösen Festkörper als homogenes Medium (vollständige Porenfüllung, vgl. Abschn. 2.2.3) durchströmt. Dies stünde im Widerspruch zu den eigenen Untersuchungsergebnissen, wonach die Flüssigkeitsstruktur zumindest heterogen ist. Man hat vielmehr die Teilströme der Menisken, der dynamischen Schicht und der Dampfphase in Beziehung zum Dreiphasengleichgewicht und zur Struktur hydrophiler und hydrophober Domänen zu betrachten und schlußfolgernd die Dynamik der realen Imprägnierung als heterogenes Phänomen zu interpretieren. Als beachtliche Einflußfaktoren sind dabei die Gasblasenstabilität und -beweglichkeit zu werten. Diese Kapillarphänomene bilden im Wirkungsfeld der geometrischen und thermodynamischen Zustandsgrößen die Grundlage für die Interpretation der Imprägnierung des porösen Festkörpers. Sie sind bei zyklischer Wiederholung von Imprägnierpyrolyse-Folgen einem ständigen Wandel unterworfen, der dem Abbau bzw. Aufbau von Kapillarporositäten, Mikrorauhigkeiten und relativen hydrophoben bzw. hydrophilen Domänen entspricht. Praktische Erfahrungstatsachen sind dabei

- Abbau der Kapillarporosität des Oxids durch Auffüllung der Kapillarporen mit Manganoxid (erste Beschichtungszyklen, geringe Mangannitrat-Konzentration),
- Aufbau einer Mikrorauhigkeit der Manganoxidablagerungen bei zunehmender Zahl von Beschichtungszyklen,
- relative Hydrophobie durch Manganoxidbeschichtung von benetzungsaktiven Zonen (u. a. Bereiche starker Oberflächenkrümmung),
- relative Hydrophilie durch H_2O-Adsorption.

Die Wärmestromdichte $j_{W,ges}$, die im technologischen Ablauf zunächst den Temperaturausgleich zwischen Elektroden und Imprägnierlösung bewirkt, setzt sich aus den Partialströmen der Wärmeabgabe an die Luft über die Peripherie des porösen Festkörpers $j_{W,g}$ und den Anodenanschlußdraht $j_{W,D}$ und an die Flüssigkeit $j_{W,fl}$ zusammen:

$$j_{W,ges} = j_W + j_{W,D} \quad , \qquad (270)$$

wobei $j_W = j_{W,g}$ bzw. $j_{W,fl}$, je nachdem die Abkühlung in der Atmosphäre oder in der Imprägnierflüssigkeit erfolgt. Beim Übergang des Gutes aus dem Vorwärmbereich in das Imprägnierbad erfolgt die Abkühlung in zwei Etappen:

- Abkühlung an Luft: $j_W = j_{W,g}$,
- Abkühlung in der Imprägnierflüssigkeit: $j_W = j_{W,fl}$.

Gasblasen, die z. B. durch hydrophobe Mikrodomänen fixiert sind, werden durch die dynamische Schicht unterwandert und dadurch beweglich (vgl. Bild 52), worauf sie aus dem System verschwinden. Makroskopisch hydrophile imprägnierte Oxidelektroden enthalten daher nur Spuren von Restgas im Bereich stabiler hydrophober Mikrodomänen. Nachfolgend wird das Modell der Imprägnierung bei Anwesenheit von Gaseinschlüssen als allgemeiner Fall behandelt. Es wird eine das Phänomen des inneren Gasdrukkes berücksichtigende Differentialgleichung hergeleitet, die den Imprägnierprozeß eines vollkommen in die Flüssigkeit getauchten, porösen zylindrischen Körpers beschreibt.

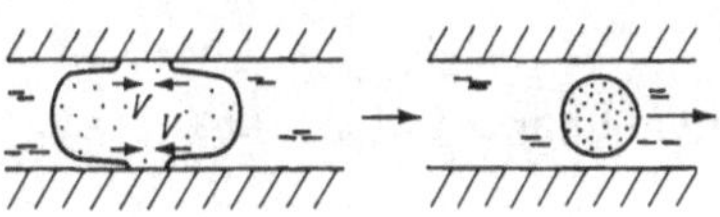

Bild 52: Ablösung anhaftender Gasblasen durch Unterwanderung der dynamischen Flüssigkeitsschicht

Die Voraussetzungen lauten:

1. Die y- und z-Komponenten der Flüssigkeitsströmungsgeschwindigkeit verschwinden ($v_y = v_z = 0$).
2. Der Körper ist homogen porös (p = konst., s = konst.).
3. Die obere Stirnfläche des Körpers liegt in der Ebene des Flüssigkeitsniveaus im Imprägnierbad (s. Bild 52).

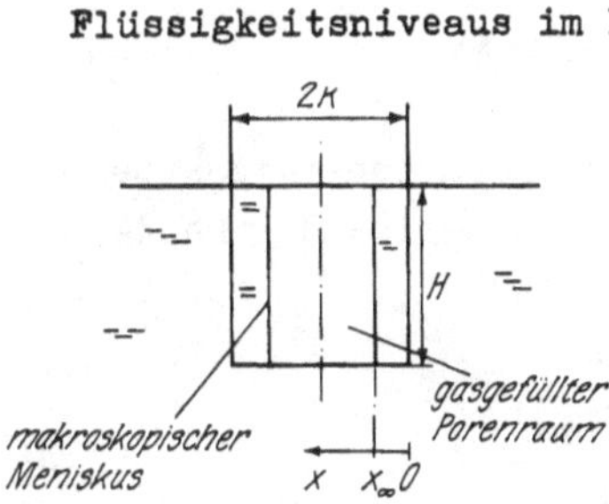

Bild 53: Geometrie des imprägnierten, zylindrischen porösen Festkörpers (Sinterkörper): quasieindimensionale Betrachtung des Imprägnierprozesses

4. Die Flüssigkeit ist inkompressibel und dringt als geschlossene Schicht (alle Volumenelemente bewegen sich mit gleicher Geschwindigkeit und Beschleunigung) radial nach innen, d. h., es existiert ein eindeutiger mittlerer Meniskus, der mit einer mittleren Geschwindigkeit v_x vorschreitet und bis zu dem die Flüssigkeit homogen ist (vgl. Bild 53).
5. Die Gleichgewichtseindringtiefe x_∞ ist klein ($x_\infty \ll R$). Daher ist eine eindimensionale Betrachtung zulässig.
6. v_x ist so klein, daß Terme mit v_x^2 vernachlässigt werden können.
7. Der poröse Körper befindet sich vor der isothermen Imprägnierung im Gleichgewicht mit der umgebenden Atmosphäre. Das Eintauchen in die Flüssigkeit geschieht in unendlich kurzer Zeit. Es kann kein Gas entweichen.

Die Kräftebilanz, aus der sich die Bewegungsgleichung ableitet, ist bestimmt durch

$$K_M = K_K + K_R + K_G + K_p. \tag{271}$$

Es sind: K_M Trägheitskraft, K_K Kapillarkraft, K_R Reibungskraft, K_G Schwerkraft, K_p Gasdruckkraft. K_G entspricht dem hydrostatischen Flüssigkeitsdruck. Diese Kraft wird gegen K_K vernachlässigt, wodurch man v_x etwas zu klein berechnet.

Die benetzte Oberfläche nimmt beim Vorwärtsschreiten des mittleren Meniskus um $dS = 2\pi (R-x)\, Hs dx$ zu, wodurch sich die Oberflächenenergie F um $dF = 2\pi (R-x)\, Hs\, (\sigma_{fl,f} - \sigma_{f,g})\, dx$ verringert. Unter Verwendung der YOUNGschen Gleichung folgt daraus

$$K_K \equiv \frac{dF}{dx} = 2\pi (R-x)\, Hs\, \sigma_{fl,g} \cos \vartheta. \tag{272}$$

Die Indizees der Grenzflächen- bzw. Oberflächenenergie σ bedeuten f fest, fl flüssig, g gasförmig und ϑ ist der Randwinkel.
Das DARCYsche Gesetz liefert den Ansatz

$$K_R = - \frac{A_M \eta}{K_D}\, x\, v_x , \tag{273}$$

worin k_D die Durchlässigkeit des porösen Mediums charakterisiert und die mittlere Meniskusoberfläche zu

$$A_M = 2 \pi H p (R - x) \quad (274)$$

gegeben ist. η ist die Viskosität der Flüssigkeit.
Der Gasdruck

$$p_g = p_o - p_x \quad (275)$$

(p_o Atmosphärendruck, p_x Gesamtdruck der eingeschlossenen Gase) verrichtet die Arbeit

$$K_p dx = p_g dV \quad (276)$$

mit $dV = 2 \pi Hp (R-x) dx$.

Es soll die ideale Gasgleichung

$$p_x V_g = p_o V_o \quad (277)$$

gelten, worin das Restgasvolumen zu $V_g (x) = \pi Hp (R-x)^2$ gegeben ist und $V_o = p \pi R^2 H$ das Porenvolumen der Oxidelektrode vor der Imprägnierung, also zum Zeitpunkt $t = 0$ bedeutet. Daraus folgt

$$K_p = \left[1 - \frac{R^2}{(R-x)^2}\right] 2 \pi Hp_o p (R-x). \quad (278)$$

Der Trägheitsterm auf der linken Seite von (271) wird aus der Impulsänderung durch einen Kraftstoß auf die bis x vorgedrungene Flüssigkeitsschicht der Masse m_x berechnet:

$$K_m dt = d (m_x v_x). \quad (279)$$

Mit $v_x \equiv \dot{x}$ folgt wegen

$$\frac{d}{dt} (m_x \dot{x}) = \dot{x} \frac{dm_x}{dt} + m_x \ddot{x} \quad (280)$$

und (vgl. Bild 53)

$$K_M = \mu_{fl} \pi pH (2R\dot{x}^2 - 2 x\dot{x}^2 + 2Rx\ddot{x} - x^2\ddot{x}). \quad (281)$$

Die Bewegungsgleichung läßt sich nunmehr aus (271), (272), (273), (274), (278) und (281) zusammenstellen. Betrachtet werden Grenzfälle.

a) Berechnung des Gleichgewichtszustandes

Für die Endlage des Meniskus bei Anwesenheit von eingeschlossenen Gasen gilt ($x = x_\infty$ für $t \to \infty$, $\dot{x} = \ddot{x} = 0$)

$$K_K + K_p = 0. \tag{282}$$

Daraus folgt mit (272) und (278) für die Imprägniereffektivität

$$\psi_\infty \equiv \frac{x_\infty}{R} = 1 - \sqrt{\frac{p_o p}{p_o p + s\,\sigma_{fl,g} \cos \vartheta}}\,. \tag{283}$$

Mit den Zahlenwerten $p_o = 0{,}1$ MPa, $\sigma_{fl,g} = 1\ \mathrm{mNcm^{-1}}$, $\vartheta = 30^o$, $R = 0{,}2$ cm, $s = 10^3\mathrm{cm^2cm^{-3}}$ und $p = 0{,}40$ folgt aus (283) eine mittlere Eindringtiefe der Flüssigkeit von $x_\infty = 0{,}02$ cm bzw. eine Imprägniereffektivität von $\psi_\infty = 0{,}1$.

b) Berechnung des quasistationären Zustandes

Die Berechnung des quasistationären Zustandes mit $K_M = 0$ ist zulässig, sofern man die Trägheitskräfte im allgemeinen gegenüber den Zähigkeitskräften vernachlässigen kann.

Man erhält mit der Substitution $z = R - x$ aus

$$K_K + K_R + K_p = 0 \tag{284}$$

die Bewegungsgleichung

$$a^* z^2 + b^* z^2 (R-z)\, z - c^* = 0 \tag{285}$$

mit $a^* = s\,\sigma_{fl,g} \cos \vartheta + pp_o$, $b^* = p\,\eta / k_D$ und $c^* = pp_o R^2$.

Umstellen von (285) ergibt

$$\frac{dt}{dz} = \frac{b^*(Rz^2 - z^3)}{c^* - z^2 a^*} = \frac{b^*}{a^*} z - \frac{Rb^*}{a^*} + \frac{b^*}{a^*} \frac{R-z}{1 - a^* z^2 / c^*} \tag{286}$$

Durch Partialbruchzerlegung des letzten Terms der rechten Seite von (286) erhält man

$$\frac{\frac{b^* c^*}{a^*} z - \frac{b^* c^*}{a^*} R}{a^* z^2 - c^*} = \frac{\left(A^* z + A^* \sqrt{\frac{c^*}{a^*}} + B^* z - B^* \sqrt{\frac{c^*}{a^*}}\right) a^*}{a^* z^2 - c^*} \tag{287}$$

und durch Koeffizientenvergleich

$$\left.\begin{aligned} \frac{b^*c^*}{a^*} &= (A^* + B^*)a^* \\ -\frac{b^*c^*}{a^{*2}}R &= (A^* - B^*)\sqrt{\frac{c^*}{a^*}} \end{aligned}\right\} \quad \begin{aligned} A^* &= \frac{b^*c^*}{2a^{*2}}\left(1 - R\sqrt{\frac{a^*}{c^*}}\right) \\ B^* &= \frac{b^*c^*}{2a^{*2}}\left(1 + R\sqrt{\frac{a^*}{c^*}}\right) \end{aligned} \tag{288}$$

Die Integration von (286) liefert

$$t - t_o = \frac{b^*}{2a^*} z'^2\Big/_R^z - \frac{Rb^*}{a^*}(z-R) + A^* \ln\left|z' - \sqrt{\frac{c^*}{a^*}}\right|\Big/_R^z + $$

$$+ B^* \ln\left|z' + \sqrt{\frac{c^*}{a^*}}\right|\Big/_R^z . \tag{289}$$

Rücksubstitution unter Beachtung der Anfangsbedingung x = 0 für t = 0 (Bestimmung der Integrationskonstanten t_o) ergibt:

$$t = \frac{A_1}{2} x^2 + B_1\left(1 - \frac{R}{\sqrt{A_1}}\right) \ln\left|\frac{1 - \frac{x}{R} - \frac{1}{R}\sqrt{A_1}}{1 - \frac{1}{R}\sqrt{A_1}}\right| + B_1\left(1 + \frac{R}{\sqrt{A_1}}\right) \cdot$$

$$\cdot \ln\left|\frac{1 - \frac{x}{R} + \frac{1}{R}\sqrt{A_1}}{1 + \frac{1}{R}\sqrt{A_1}}\right| \tag{290}$$

mit

$$A_1 = \frac{p\eta}{K_D(s\sigma_{fl,g}\cos\vartheta + pp_o)},$$

$$B_1 = \frac{2A_1^2 K_D p_o R^2}{\eta} . \tag{291}$$

Für kleine Imprägniereffektivitäten (kleine t bzw. x ≪ R) folgt aus (290)

$$x(t) \approx \sqrt{\frac{2t}{A_1}} \tag{292}$$

$$v_x(t) \approx \sqrt{\frac{1}{2A_1 t}} .$$

Das Zahlenbeispiel $K_D = 2\ 10^{-9}\ cm^2$, $s = 10^3 cm^2 cm^{-3}$, $\sigma_{fl,g} = 0{,}6\ mNcm^{-1}$, $\vartheta = 20^o$, $p = 0{,}40$, $p_o = 0{,}1$ MPA und η = 1cp

liefert aus (292) für t = 1 ms x = 0,021 cm und v_x = 15 cms^{-1}.
Die Abhängigkeit (290) ist mit obigem Zahlenbeispiel für R = 0,05 und 0,7 cm im Bild 54 dargestellt. Die Kurven nähern sich asymptotisch dem Gleichgewichtsfall, den man mit obigen Zahlen aus (283) berechnet.

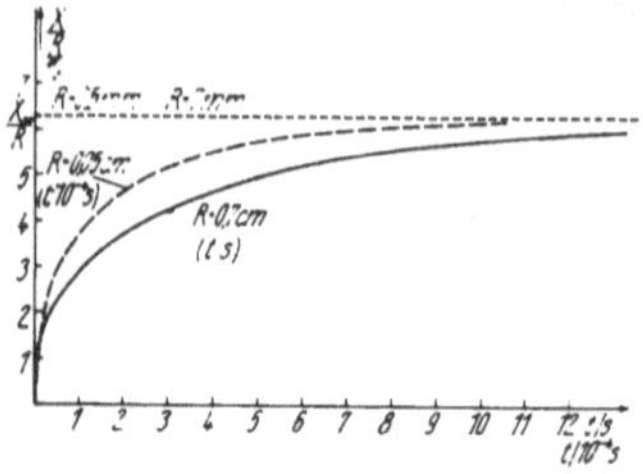

Bild 54:

Zeitverlauf der Imprägnierung für verschiedene Radien der zylindrischen porösen Oxidelektrode (T = konst.)

c) Berechnung einer temperaturabhängigen Gleichgewichtslage

Es wird davon ausgegangen, daß sich im porösen Festkörper die Gleichgewichtstemperatur T_V eingestellt hat, die als Vorwärmtemperatur bezeichnet wird. Durch Abkühlung der eingeschlossenen Gase während des Eindringens der Imprägnierflüssigkeit, für deren Temperatur $T_B < T_V$ gilt, nimmt das Gasvolumen ab und die Eindringtiefe wird größer sein als nach (283). Die Temperaturabhängigkeit der Gasdruckkraft läßt sich mit Hilfe der idealen Gasgleichung einführen:

$$\frac{p_o V_o}{T_V} = \frac{p_x V_g}{T} \tag{293}$$

T = T (x,t) ist die Gastemperatur. Aus (293) erhält man analog zur Ableitung von (278) den Ausdruck

$$K_p (T) = \left[1 - \frac{T}{T_V} \frac{R^2}{(R-x)^2}\right] 2 \pi H p_o p (R-x). \tag{294}$$

Diese Gasdruckkraft wirkt infolge Volumenabnahme des Gases nach innen, solange $T < T_V \left(\frac{R-x}{R}\right)^2$. Wenn der Wärmespeicher (Imprägnierbad) nur groß genug ist, wird T für $t \to \infty$ den Wert T_B annehmen, so daß die Gleichgewichtsbedingung (282)

$$\psi_\infty = 1 - \frac{T_B}{T_V} \sqrt{\frac{p_o p}{p_o p + s\, \sigma_{fl,g} \cos \vartheta}} \tag{295}$$

liefert. Aus (295) folgt, daß man T_B klein und T_V groß wählen muß, um hohe Imprägniereffektivitäten zu erreichen.

4.3.2 Entfeuchtungskinetik poröser Festkörper

Die Trocknung des mit H_2O (oder anderen Lösungs- bzw. Reinigungsmitteln) und die Entfeuchtung des mit wässrigem Mangannitrat imprägnierten porösen Körpers lassen sich in einem theoretischen Zusammenhang behandeln. Der Index F soll die Feuchte und N das Nitrat kennzeichnen.

Nach /141/ setzt sich der Feuchtestrom j_F beim Trocknen gemäß

$$j_F = - k_p \text{ grad } p_x - k_F D^*_{H_2O} \text{ grad } p_{H_2O} - k_T \text{ grad } T \qquad (296)$$

(k_i Konstanten, p_x Gesamtdruck des Dampf-Luft-Gemisches, $D^*_{H_2O}$ Diffusionskoeffizient von Dampf in Luft)

entsprechend der Termfolge auf der rechten Seite aus dem molaren Partialstrom (Umlagerungen überhygroskopischer Feuchte) und molekularen Diffusionsstrom von der hohen zur niedrigen Temperatur sowie einem Partialstrom in umgekehrter Richtung zusammen. (Damit die Trocknungsbedingung $j_F > 0$ herauskommt, ist grad $p_x < 0$, grad $p_{H_2O} < 0$ und damit grad $T > 0$ zu fordern). Der von außen nach innen fließende Wärmestrom, der hauptsächlich die Verdampfungsenergie liefert, muß das Innere des porösen Festkörpers derart erwärmen, daß der erhöhte Gasdruck gemäß dem ersten Term auf der rechten Seite von (296) das "freie" Wasser nach außen transportiert, wodurch ein stabilisierter makroskopischer Meniskus entsteht. Im Durchströmbereich der umgelagerten Flüssigkeit verbleibt die Restflüssigkeit. Die grundlegenden Abweichungen im Fall des wässrigen Mangannitrats bestehen darin, daß auf der rechten Seite von (296) ein zum 2. Term analoges Glied zusätzlich den Konzentrationsgradienten grad c_N und den Diffusionskoeffizient D^*_N von H_2O im Nitrat zu berücksichtigen hat. Flüssigkeitsumlagerungen werden mit zunehmender Viskosität (mit wachsendem c_N) weniger wahrscheinlich. Geht man von den Bruttoreaktionen

$$m_1H_2O\ (fl) \longrightarrow (m_1-m_2)\ H_2O(fl) + m_2H_2O\ (g) \qquad (297)$$

und (4) aus, wobei für $t \longrightarrow \infty$ eine hygroskopische Restfeuchtemasse m_F^{∞} bzw. eine Restmasse m_N^{∞} einer Festkörperablagerung etwa gemäß (4) bis (6) festgelegt wird, so ist zweckmäßig einen Reaktionsumsatzanteil α_R wie folgt zu definieren:

$$\alpha_R^{(i)} = \frac{m_i^o - m_i}{m_i^o - m_i^{\infty}} \quad . \tag{298}$$

m_i^o (i = F,N) sind die zum Zeitpunkt $t = 0$ und m_i die zum Zeitpunkt t vorhandenen Flüssigkeitsmassen. Nach dem Reaktionsgesetz 1. Ordnung /142/ ist die Massenabnahme dm_i bis zur Zeit $t + dt$ der Masse m_i und dem Zeitelement dt direkt proportional:

$$- dm_i = k_i^* \, m_i \, dt. \tag{299}$$

Es gelten für die Reaktionsraten k_i^* (k_v^* Verdampfungsrate, k_F^* Entfeuchtungsrate) folgende Abhängigkeiten /143/

$$k_i^* = k_i^! \, A_{fl} \tag{300}$$

mit /142/

$$k_i^! = k'^!_i \exp. \left(- \frac{\Delta H_i}{kT}\right). \tag{301}$$

($k_i^!{}'$ Konstante, A_{fl} Flüssigkeitsoberfläche, ΔH_i Verdampfungs- bzw. Entfeuchtungsenthalpie)

Aus (298) erhält man

$$m_i = m_i^o \left[1 - \alpha_R^{(i)} \left(1 - \frac{m_i^{\infty}}{m_i^o}\right)\right] \tag{302}$$

und

$$dm_i = - m_i^o \, d\, \alpha_R^{(i)} \left(1 - \frac{m_i^{\infty}}{m_i^o}\right). \tag{303}$$

Durch Einsetzen von (302) und (303) in (299) unter Beachtung von (300) mit im allgemeinen $A_{fl} = A_{fl}(t)$ erhält man Differentialgleichungen mit der Anfangsbedingung $\alpha_R^{(i)} = 0$ für $t = 0$ (vgl. (298)), deren Lösungen die Kinetik der Trocknung bzw. Entfeuchtung beschreiben. Zur konkreten Festlegung der Zeitabhängigkeit von A_{fl} wird angenommen, daß $H \gg R$ (Einfluß von Grund- und Deckfläche gering) und die Verdampfung nur von der äußeren Flüssigkeitsoberfläche (vgl. Bild 55) erfolgt:

$$A_{fl}(t) = 2\pi H R_a(t) \tag{304}$$

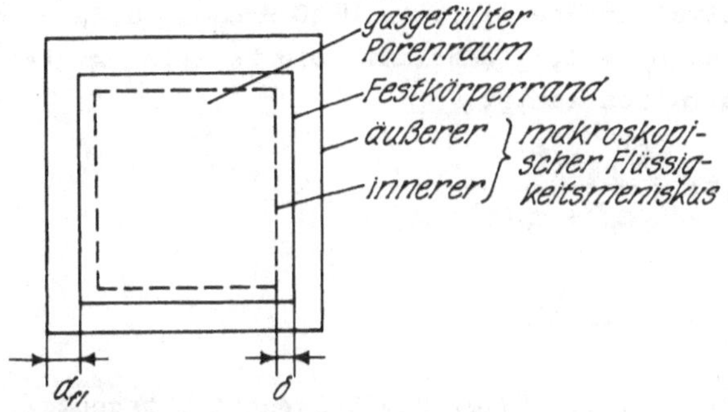

Bild 55: Geometrie der imprägnierten Flüssigkeit im und am porösen Festkörper beim Entfeuchten

In diesem Fall gilt für das Gesamtflüssigkeitsvolumen $V_{fl}(t)$ im und am porösen Festkörper mit $R \gg \delta$, d_{fl} entsprechend Bild 55

$$V_{fl}(t) = \pi H(1-p)\, R_a^2(t) \left\{ 1 - \left[\frac{R}{R_a(t)}\right]^2 \right\} \tag{305}$$

mit

$$R_i(t) \equiv R - \delta(t), \tag{306}$$

$$R_a(t) \equiv R + d_{fl}(t).$$

Andererseits hat man

$$V_{fl}(t) = \frac{m_i(t)}{\mu_{fl}(t)} \tag{307}$$

mit μ_{H_2O} = konst. beim Trocknen. Die Entfeuchtung des Nitrats berücksichtigt der empirsche Ansatz

$$\mu_N(t) = a_N \exp\left[\frac{c_N(t)}{b_N}\right] \tag{308}$$

Mit μ_{H_2O} bzw. $\mu_N(t)$ in (307) sowie (307) in (305) hat man das für (304) benötigte $R_a(t)$. Die Zeitabhängigkeit der Flüssigkeitsoberfläche kann somit bei der Lösung der Differentialgleichung (299) zumindest näherungsweise berücksichtigt werden. Die Konstanten in (308) wurden experimentell im Bereich der Gewichtskonzentration des Nitrates $0{,}10 \leq c_N \leq 0{,}80$ zu $a_N = 0{,}98\ gcm^{-3}$ und $b_N = 1{,}77$ bestimmt. Die Zeitabhängigkeit der Nitratkonzentration lautet

$$c_N\,(t) = \frac{m_N^{\infty}}{m_N^{\infty} + m_H(t)}\,, \qquad (309)$$

worin

$$m_{H_2O}(t) = m_N(t) - m_N^{\infty} \qquad (310)$$

die Lösungsmittelmasse (H_2O) zum Zeitpunkt t bedeutet. Über (302), (309) und (310) folgt der Zusammenhang

$$c_N\,(\alpha_R) = \frac{c_N^{\,o}}{1 - \alpha_R(1-c_N^o)}, \qquad (311)$$

worin die Anfangskonzentration gemäß

$$c_N^o = \frac{m_N^{\infty}}{m_N^o} \qquad (312)$$

eingeführt wurde.

Die exakten bzw. genäherten Lösungen von (299), die die Trocknungs- bzw. Entfeuchtungskinetik im Rahmen der angegebenen Voraussetzungen bzw. Näherungen beschreiben, sind in Tabelle 18 zusammengefaßt. Es sind prinzipiell vier Charakteristiken zu unterscheiden:

a) H_2O-Abgabe aus einem außen liegenden makroskopischen Meniskus, dessen Oberfläche zeitweise t-unabhängig (Flüssigkeitsumlagerungen) sein kann bzw. mit zunehmendem t abnimmt,

b) Übergang der äußeren Flüssigkeit in das Poreninnere,

c) H_2O-Abgabe aus dem makroskopischen Meniskus, dessen Oberfläche im Porenraum liegt und zeitweise t-unabhängig ist (Flüssigkeitsumlagerungen) bzw. mit zunehmendem t abnimmt,

d) konstantes $\frac{m_F}{m_F^o}$ bzw. $\frac{m_N}{m_N^o}$ für $t \to \infty$.

Tabelle 18: Charakteristiken der Trocknungs- bzw. Entfeuchtungskinetik von imprägnierten (Wasser, wässr. Mangannitrat), zylindrischen porösen Festkörpern bei Reaktion 1. Ordnung

Flüssigkeit	Voraussetzung	m_F/m_F^o bzw. m_N/m_N^o	Näherungslösungen von m_F/m_F^o bzw. m_N/m_N^o für kleine bzw. große t
H_2O	reines Lösungsmittel: m_{fl}/m_{fl}^o, $k_F=k_F'A_{fl}$ $m_F^\infty \ll m_F^o$ $A_{fl} \approx$ konst.	$= \exp(-k_F t)$	$= 1 - k_F t$ für $k_F t \ll 1$ $\rightarrow 0$ für große t
	$k_F = k_F' A_{fl} (\alpha_{fl})$ $m_F^\infty \ll m_F^o$ $H \gg R$, $p \ll 2, d_{fl} \ll R$	$= 1/(1+\frac{b_{fl}t}{2})^2$ $b_{fl} = k_F' \sqrt{\frac{4\pi H m_F^o}{u_{H_2O}}}$	$= 1 - b_{fl}t$ für $b_{fl}t/2 \ll 1$ $\rightarrow 0$ für große t
wässriges Mangannitrat	Lösung: $\frac{m_N}{m_N^o}$, $k_N = k_N' A_{fl}$ $A_{fl} \approx$ konst.	$= \frac{m_N^\infty}{m_N^o} + (1-c_N^o)\exp(-k_N t)$	$= (1-c_N^o)(1-k_N t)$ für $k_N t \ll 1$ $\rightarrow \frac{m_N^\infty}{m_N^o} =$ konst. für große t
	$k_N = k_N' A_{fl}(\alpha_R)$ $/u_{fl} = /u_{fl}(\alpha_R)$ $H \gg R$, $b_N \gg c_N^o, \alpha_R$	$\approx \frac{m_N^\infty}{m_N^o} + \frac{1 - c_N^o}{1 + k_N'' t}$	$\approx (1-c_N^o)(1-k_N t)$ für $k_N t \ll 1$ $\rightarrow \frac{m_N}{m_N^o} =$ konst. für große t

Es ist zu beachten, daß die Hysteresisrestflüssigkeit infolge ihres heterogenen Charakters in (305) anstelle von p = konst. die Einführung eines im allgemeinen orts- und zeitabhängigen Faktors verlangt. Dieser Fall ist dann von Bedeutung, wenn nach Flüssigkeitsumlagerungen (stabilisierter Meniskus) der makroskopische Meniskus aufbricht und die Reaktionsfront nach innen wandert.

4.3.3 Feststoffbelegung von Poren durch Kristallisation aus flüssigen Lösungen

Zur Berechnung der bei einem Zyklus abgeschiedenen Feststoffmasse m_f wird von der Beziehung[1)]

$$m_f = x_m\, m_N \qquad x_m = \frac{\mathfrak{M}_f}{\mathfrak{M}_N} \tag{313}$$

ausgegangen. m_N ist die Masse der wässrigen Mangannitratlösung und x_m ist das Verhältnis der Molmassen fest/flüssig. Bei Zusammenfassung von (3) bis (6) entsteht eine Bruttoreaktionsformel vom Typ

$$Mn(NO_3)_2 \cdot m^* H_2O + n^* H_2O \longrightarrow MnO_2(f) + 2\, NO_2(g) + (m^* + n^*) \cdot H_2O\,(g). \tag{314}$$

Eine Unterscheidung von Kristallwassermolekülen und freien Wassermolekülen geschieht durch die ganzen Zahlen m^* und n^*. Wegen

$$\mathfrak{M}_N = \mathfrak{M}_1 + (m^* + n^*)\mathfrak{M}_2 \tag{315}$$

folgt mit $\mathfrak{M}_f = 86{,}93$; $\mathfrak{M}_1 = 178{,}93$ und $\mathfrak{M}_2 = 18{,}016$ aus (255)

$$x_m = \frac{0{,}486}{1 + 1{,}007(m^* + n^*)} . \tag{316}$$

Die Indizees haben folgende Bedeutung: 1 Mangannitrat (kristallwasserfrei), 2 Wasser. (316) ist mit m^* als Parameter

---

1) Alle Betrachtungen dieses Abschnittes lassen sich auf andere Salzlösungen übertragen. Die konkrete Durchrechnung geschieht am Beispiel von Mangannitrat. Daher kennzeichnet der Index f die Parameter des MnO_2.

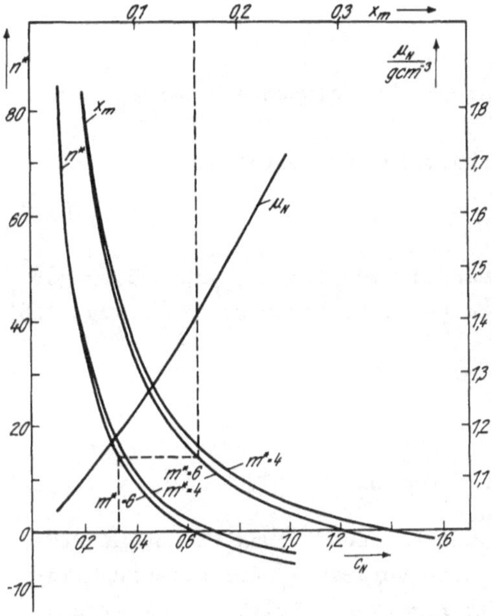

Bild 56:

Darstellung der Beziehungen $n^* = n^*(c_N)$, $x_m = x_m(n^*)$ und $\mu_N = \mu_N(c_N)$ mit m^* als Parameter

(Die gestrichelte Linie verfolgt man beim Ablesen von x_m, μ_N für gegebenes c_N und m^*.)

in Bild 56 dargestellt, wobei negative n^*-Werte für den Fall berücksichtigt wurden, daß zur Erhaltung konzentrierteren Nitrats $|n^*|$ Moleküle des Kristallwassers zu entfernen sind. Die Gewichtskonzentration c_N der Lösung ist gegeben durch

$$c_N = \frac{\mathfrak{M}_1}{\mathfrak{M}_1 + (m^* + n^*)\mathfrak{M}_2} = \frac{1}{1 + 1{,}007(m^* + n^*)} \quad . \tag{317}$$

Wenn Mangannitrat mit unterschiedlichem m^* zur Verfügung steht, ist n^* bei vorgegebenem c_N wie folgt zu wählen (vgl. 316) und (317)):

$$n^* = 9{,}93 \, \frac{1-c_N}{c_N} - m^* \, . \tag{318}$$

Der praktisch interessante n^* -Wertebereich bewegt sich in den Grenzen $-m^* \leq n \leq \infty$ gemäß dem Wertevorrat $0 \leq c_N \leq 1$. n^* ist in Abhängigkeit von c_N mit m^* als Parameter ebenfalls in Bild 56 aufgetragen.

Da

$$x_V = \frac{V_f}{V_N} \tag{319}$$

(V_f Volumen der Manganoxidschicht, V_N Volumen der imprägnierten Nitratlösung)
erhält man aus (313) das Verhältnis der Molvolumina

$$x_V = \frac{\rho_N}{\rho_f}\, x_m . \tag{320}$$

Die spezifische Dichte des Manganoxids ist mit $\rho_f = 5{,}03\ \mathrm{gcm}^{-3}$ größer als die des Nitrats, daher gilt immer $x_V < x_m$. Aus (316) erhält man mit (318)

$$x_m = 0{,}486\ c_N . \tag{321}$$

Aus (320) und (321) folgt

$$x_V = 0{,}486\ \frac{\rho_N}{\rho_f}\ c_N . \tag{322}$$

Bei vollständiger Benetzung und Raumausfüllung (homogene Flüssigkeit) ist V_N gleich dem Gesamtvolumen V_p der offenen Oxidelektroden-Poren. In der iten Pyrolyse erfolgt die Umsetzung in festes Manganoxid mit dem Volumen $V_f^{(i)}$. Wegen $V_N = V_p$ gilt nach (319)

$$x_V = \frac{V_f^{(1)}}{V_p} = \frac{V_f^{(k)}}{V_p - \sum_{i=1}^{k-1} V_f^{(i)}} . \tag{323}$$

$V_f^{(k)}$ ist das Gesamtvolumen der festen Manganoxidablagerung bis zum k ten Zyklus. Mit dem Ansatz

$$\Omega_f^{(k)} = \frac{V_p - \sum_{i=1}^{k} V_f^{(i)}}{V_p} \tag{324}$$

für den Porenausfüllgrad nach dem k ten Zyklus - Ω_f ist definiert als Quotient aus Porenrestvolumen und V_p - und nach Einführung von x_V gemäß (323) erhält man für den Porenausfüllgrad nach k Zyklen

$$\Omega_f^{(k)} = (1 - x_V)^k . \tag{325}$$

Wenn $x_V \ll 1$, kann man die binomische Reihe (325) nach dem zweiten Glied abbrechen:

$$(1 - x_V)^k \approx 1 - kx_V. \tag{326}$$

Realistischer ist der Ansatz $V_N < V_p$, da die Flüssigkeitsstruktur inhomogen ist ($\Omega_N > 0$). Es soll näherungsweise

$$V_N = V_p - \gamma_N \tag{327}$$

mit in allen Imprägnierzyklen konstantem ungenutztem Porenvolumen γ_N gelten. Für die Relation r_V der Volumina steht jetzt

$$r_V \equiv \frac{V_f^{(1)}}{V_p(1-\frac{\gamma_N}{V_p})} = \frac{V_f^{(k)}}{V_p\,(1-\frac{\gamma_N}{V_p}) - \sum_{i=1}^{k-1} V_f^{(i)}} \tag{328}$$

Daraus und aus (324) folgt

$$\Omega_f^{(k)} = (1-r_V)^k\,(1-\frac{\gamma_N}{V_p}) + \frac{\gamma_N}{V_p} \tag{329}$$

bzw.
$$\Omega_f^{(k)} \approx 1 - kr_V\,(1-\frac{\gamma_N}{V_p}) \tag{330}$$

für kleine r_V.

Der Zähler auf der rechten Seite von (324) ist gleich dem Porenrestvolumen $V_R^{(k)}$ nach dem kten Zyklus:

$$V_R^{(k)} = \Omega_f^{(k)}\,V_p \quad . \tag{331}$$

Für die Summe M_f aller bis dahin abgeschiedenen Manganoxid-Massenbeiträge $m_f^{(i)}$ gilt

$$M_f^{(k)} = \sum_{i=1}^{k} m_f^{(i)} = \mu_f\,(V_p - V_R^{(k)}). \tag{332}$$

Setzt man (329) und (331) ein, so folgt

$$M^{(k)} = \mu_f V_p\,(1-\frac{\gamma_N}{V_p})\left[1-(1-r_V)^k\right] \tag{333}$$

bzw. gemäß (330)

$$M^{(k)} \approx \rho_f V_p \left(1 - \frac{\gamma_N}{V_p}\right) k r_V \quad (334)$$

für kleine r_V.

Die im iten Zyklus abgeschiedene Manganoxidmasse beträgt

$$m_f^{(k)} = \rho_f V_p \left(1 - \frac{\gamma_N}{V_p}\right) r_V (1 - r_V)^{k-1} \quad (335)$$

bzw.

$$m_f^{(k)} \approx \rho_f V_p \left(1 - \frac{\gamma_N}{V_p}\right) r_V \left[1 - (k-1) r_V\right] \quad (336)$$

für kleine r_V. Praktisch interessant ist der Quotient

$$\frac{m_f^{(k)}}{M_f^{(k)}} = \frac{r_V (1-r_V)^{k-1}}{1-(1-r_V)^k} \approx \frac{1-(k-1)r_V}{k} \quad (337)$$

gemäß (333) und (335) bzw. (334) und (336).

Unter der Voraussetzung ebener mikroskopischer Flüssigkeitsmenisken und fehlender dynamischer Flüssigkeitsschicht läßt sich für den iten Zyklus der Flächenbedeckungsgrad $\Theta_f^{(i)}$ der Manganoxidschicht einführen

$$\Theta_f^{(i)} = \frac{A_f^{(i)}}{S} , \quad (338)$$

A_f Manganoxidfläche

für den der Zusammenhang

$$\frac{\gamma_N^{(i)}}{V_p} = 1 - \Theta_f^{(i)} \quad (339)$$

zur Abschätzung des bei der iten Imprägnierung ungenutzten Porenvolumens $\gamma_N^{(i)}$ resultiert.

Die heterogene Flüssigkeitsstruktur, wie sie sich im realen Sinterkörper einstellt, weicht ebenso wie die Manganoxidverteilung von den Annahmen ab, die zu (327) bzw. (339) führten. Es bestehen schwer erfaßbare Beziehungen zwischen Imprägnierparametern, Imprägnier- und Gasblasentransportkinetik sowie stabilen und zeitlich/räumlich variablen hydrophoben Domänen.

Die Benetzungsaktivität der dielektrischen Oxidschicht (Porosität, Rauhigkeit, Reinheit) in Verbindung mit noch unbeschichteten besonders benetzungsaktiven Strukturelementen des Makroporensystems bewirken beim ersten Imprägnierschritt eine maximale Imprägniereffektivität. Ist $\Theta_f^{(i)}$ der reale Flächenbedeckungsgrad der Manganoxidschicht im iten Zyklus, kann man im günstigen Fall i = 1

$$\Theta_f^{(1)} \sim S \tag{340}$$

erwarten. Daraus folgt mit (338) und dem Ansatz

$$V_f^{(i)} \approx \bar{d}_f^{(i)} A_f^{(i)}, \tag{341}$$

worin $\bar{d}_f$ die mittlere Schichtdicke des Manganoxids ist und $V_f^{(i)} = m_f^{(i)}/\ /u_f$ gesetzt wird,

$$m_f^{(1)} \sim S. \tag{342}$$

Die Gültigkeit der Beziehung (342) konnte experimentell belegt werden /119/.

Liegen stabile hydrophobe Domänen mit dem Flächenbedeckungsgrad Θ_o vor, so folgt

$$\Theta_f^{(i)} = \frac{A_f^{(i)}}{(1-\Theta_o)S} \tag{343}$$

für den iten Beschichtungsschritt. Mit (341) läßt sich hinschreiben

$$\frac{m_f^{(k)}}{M_f^{(k)}} = \frac{\bar{d}_f^{(k)} A^{(k)}}{\sum_{i=1}^{k} \bar{d}_f^{(i)} A_f^{(i)}}, \tag{344}$$

woraus wegen (343)

$$\frac{m_f^{(k)}}{M_f^{(k)}} = \frac{\bar{d}_f^{(k)} \Theta^{(k)}}{\sum_{i=1}^{k} \bar{d}_f^{(i)} \Theta_f^{(i)}} \tag{345}$$

ein Ausdruck erhalten wird, der sich allgemein nicht

weiter auswerten läßt. Es werden daher einige Sonderfälle betrachtet:

- Konstante mittlere Schichtdicke: $\bar{d}_f^{(i)} \approx \bar{d}_f$

$$\frac{m_f^{(k)}}{M_f^{(k)}} \approx \frac{\theta^{(k)}}{\sum_{i=1}^{k} \theta^{(i)}} \tag{346}$$

- Konstanter Bedeckungsgrad: $\theta^{(i)} \approx \bar{\theta}$

$$\frac{m_f^{(k)}}{M_f^{(k)}} \approx \frac{\bar{d}_f^{(k)}}{\sum_{i=1}^{k} \bar{d}_f^{(i)}} \tag{347}$$

- Konstantes Volumen: $\bar{d}_f^{(i)} \approx \bar{d}_f$, $\theta^{(i)} \approx \bar{\theta}$

$$\frac{m_f^{(k)}}{M_f^{(k)}} \approx \frac{1}{k} \tag{348}$$

- Modell unabhängiger Domänen:

  $\theta^{(1)} = 1$, konstantes Volumen für $i > 1$.

Gemäß Voraussetzung gilt (s. (343))

$$m_f^{(1)} = \mu_f \bar{d}_f^{(1)} (1- \theta_o) S \tag{349}$$

und

$$m_f^{(i)} = \mu_f V_f. \qquad \text{für } i > 1 \tag{350}$$

Nach Einführung eines spezifischen Volumens

$$\theta^* \equiv \frac{V_f}{(1-\theta_o)\, \bar{d}_f^{(1)} S} \tag{351}$$

folgt aus (345)

$$\frac{m_f^{(k)}}{M_f^{(k)}} = \frac{\theta}{1+(k-1)\,\theta} \tag{352}$$

für $k > 1$.

Mit zunehmender Zyklenanzahl überlagern sich die teilweise überlappenden $A_f^{(i)}$ (unabhängige Domänen) derart, daß die Fläche $(1-\theta_o)S$ schließlich mit einer relativ gleichmäßigen Manganoxidschicht bedeckt ist.
(352) ist in Bild 57 für verschiedene θ^* dargestellt. Die Abnahme von $m_f^{(k)}/M_f^{(k)}$ ist stetig mit zunehmendem k. Wegen $\theta^* \leq 1$ gilt für $k > 1$ $(m_f^{(k)}/M_f^{(k)})_{max} = 0{,}5$. Diesen Maximalwert findet man bei $\theta^* = 1$ und $k = 2$.

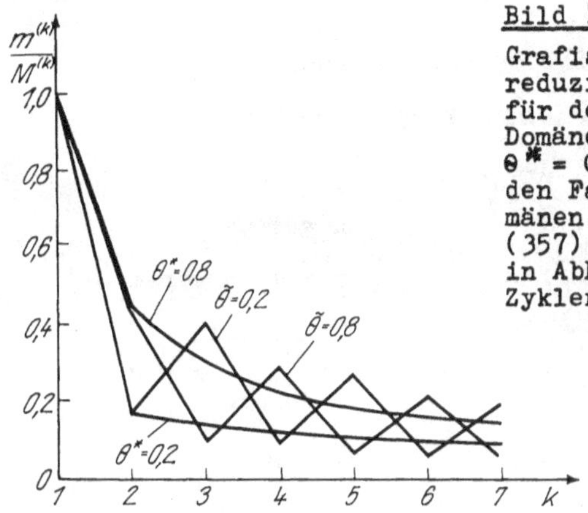

Bild 57:
Grafische Darstellung der reduzierten Manganoxidmasse für den Fall unabhängiger Domänen gemäß (352) für $\theta^* = 0{,}2$ und $0{,}8$ sowie für den Fall korrelierter Domänen gemäß (356) bzw. (357) für $\tilde{\theta} = 0{,}2$ und $0{,}8$ in Abhängigkeit von der Zyklenzahl k

- Modell korrelierter Domänen:

$$\theta^{(1)} = 1, \quad A_f^{(i)} = (1 - \theta_o)\, S - A_f^{(i-1)} \quad \text{für } i > 1$$

Die zweite Voraussetzung bringt zum Ausdruck, daß die jeweils im vorangegangenen Zyklus beschichtete Fläche beim Imprägnieren hydrophob ist, die Benetzungsdomänen also voneinander abhängig sind (korrelierte Domänen). Zur Vereinfachung soll $d_f^{(i)} = d_f$ gelten. Nach Einführung des Flächenbedeckungsgrades $\tilde{\theta}$, der beim 2. Zyklus erzielt wird,

$$\tilde{\theta} \equiv \frac{A_f^{(2)}}{(1-\theta_o)\, S}, \tag{353}$$

erhält man aus (332) und (341) die Folgen

$$
\begin{array}{llll}
m^{(1)} = \mu_f \bar{d}_f \,(S-S_o) & & M^{(1)} = \mu_f \bar{d}_f \,(S-S_o) & \\
m^{(2)} = m^{(1)}\, \tilde{\theta} & & M^{(2)} = m^{(1)}\,(1+\tilde{\theta}) & \\
m^{(3)} = m^{(1)}(1-\tilde{\theta}) & & M^{(3)} = m^{(1)}\,.\,2 & \quad (354) \\
m^{(4)} = m^{(1)}\, \tilde{\theta} & & M^{(4)} = m^{(1)}(2+\tilde{\theta}) & \\
m^{(5)} = m^{(1)}(1-\tilde{\theta}) & & M^{(5)} = m^{(1)}\,.\,3 & \\
\vdots & & \vdots &
\end{array}
$$

S_o Fläche der stabilen hydrophoben Domänen

Sie lassen sich in allgemeiner Form schreiben:

$$
\begin{array}{lll}
m^{(1)} = \mu_f \bar{d}_f \;(S-S_o) & & \\
m^{(k)} = m^{(1)}\,.\,\tilde{\theta} & k \text{ gerade} & \\
m^{(k)} = m^{(1)}(1-\tilde{\theta}) & k > 1, \text{ ungerade} & \\
M^{(k)} = m^{(1)}\,\frac{k+1}{2} & k \text{ ungerade} & \quad (355) \\
M^{(k)} = m^{(1)}\,\frac{k}{2} + \tilde{\theta} & k \text{ gerade} & \left.\right\} k \geq 1
\end{array}
$$

Daraus folgt

$$\frac{m^{(k)}}{M^{(k)}} = \frac{2\,\tilde{\theta}}{k+2\,\tilde{\theta}}, \qquad k \text{ ungerade} \qquad (356)$$

$$\frac{m^{(k)}}{M^{(k)}} = \frac{2(1-\tilde{\theta})}{k+1}\,. \qquad k > 1, \text{ ungerade} \qquad (357)$$

Die Ausdrücke (356) und (357) sind für verschiedene $\tilde{\theta}$ im Bild 57 über k aufgetragen, wobei $m^{(1)}/M^{(1)} = 1$ berücksichtigt wurde. Der prinzipielle Unterschied zu der kontinuierlichen Abnahme im Fall unabhängiger Domänen besteht in der alternierenden Abnahme bei korrelierten Domänen, wobei je nach Wahl des $\tilde{\theta}$-Betrages die Piks von $m^{(k)}/M^{(k)}$ bei ungeraden ($\tilde{\theta} < 0{,}5$) bzw. bei geraden k ($\tilde{\theta} > 0{,}5$) auftreten.

Durch Vergleichsuntersuchungen an hydrophilierten und hydrophobierten Ta-Oxidelektroden konnte experimentell nachgewiesen werden /119/, daß die Modelle der unabhängigen und der korrelierten Domänen zumindest im Bereich k $\leq$ 10 als Grenzfälle zutreffen. Der praktische Regelfall liegt mit $\theta^* = \theta^*(k)$ bzw. $\tilde{\theta} = \tilde{\theta}$ (k) dazwischen. Als Trendaussage kann jedoch festgehalten werden:

- unabhängige Domänen (θ^*) treten bei hydrophilem System,
- korrelierte Domänen ($\tilde{\theta}$) treten bei hydrophobem System auf.

Die größten Kontraste relativer Hydrophilie bzw. Hydrophobie treten bei hydrophilem Ausgangssystem (kleine k) auf, wenn jeweils durch einen vorangegangenen Imprägnier-Pyrolyse-Zyklus die aktiven Benetzungszentren der Festkörperstruktur durch Manganoxidablagerungen "entaktiviert" (bzw. hydrophobiert) werden. Bei großem k sind die aktiven Benetzungszentren aufgebraucht. Sofern sich für große k eine relativ gleichmäßige Rauhigkeit der Manganoxidoberfläche aufbaut, können Beziehungen der Art von (323) und (328) Bedeutung erlangen.
Reagiert das Innere der manganoxidbedeckten Oxidelektrode als Ganzes relativ hydrophob, wird wegen des anhaftenden, praktisch konstanten Flüssigkeitsvolumens (V_f konst.) vorzugsweise realisiert.

Anhang 1:

Struktur- und Werkstoffparameter einiger Oxidelektrodenelemente für Festelektrolytkondensatoren

Element	Konfiguration des Atoms	Kristallsymmetrie	r_A nm	r_I nm	r_K nm	E_B eV
Si	$3s^2 3p^2$	Diam.	0,117	0,041	0,111	
Ge	$3d^{10} 4s^2 4p^2$	"	0,122	0,053	0,122	3,40
Y	$4d^1 5s^2$	hex.	0,180	0,093	0,162	4,38
Ti	$3d^2 4s^2$	"	0,147	0,068	0,136	4,86
Zr	$4d^2 5s^2$	"	0,160	0,080	0,148	6,32
Hf	$4f^{14} 5d^2 6s^2$	"	0,158	0,087		6,35
V	$3d^3 4s^2$	krz	0,134	0,059		5,30
Nb	$4d^4 5s^1$	"	0,146	0,070		7,47
Ta	$4f^{14} 5d^3 6s^2$	"	0,143	0,073		8,09
Cr	$3d^5 4s^1$	"	0,127	0,069		4,10
Mo	$4d^5 5s^1$	"	0,139	0,068		6,81
W	$4f^{14} 5d^4 6s^2$	"	0,139	0,064		8,66
La	$5d^1 6s^2$	hex.	0,187	0,115	0,169	4,49
Ce	$4f^2 5d^0 6s^2$	kfz	0,181	0,101	0,165	
Al	$3s^2 3p^1$	"	0,143	0,050	0,118	
Be	$s^2 2s^2$	hex.	0,112	0,031	0,090	
O	$s^2 p^4$	-	0,07	0,131		-

Element	ϕ_M eV	$\varkappa$ $10^6\Omega^{-1}cm^{-1}$	λ $cal cm^{-1}s^{-1 0}C^{-1}$	α_T $10^{-6}grd^{-1}$	ΔE_S eV	ΔE_H eV	c_{max} At%
Si	4,70	0,10	0,33	2,3			
Ge	4,58	0,022	0,14	5,75	2,98	0,36	
Y		0,019	0,035	7,8			
Ti		0,024	0,093	8,2	3,48	0,38	34
Zr	3,93	0,024			3,74	0,37	40
Hf		0,031	0,22	6,0	4,30	0,30	21
V		0,04		7,8	3,91	0,37	25
Nb		0,080	0,125	7,1	4,74	0,41	6
Ta	4,19	0,081	0,13	6,5	5,74	1,39	4
Cr	4,45	0,078	0,16	4,4	3,78	0,40	0,05
Mo	4,24	0,19	0,35	5,2	5,17	0,64	0,03
W	4,53	0,181	0,40	4,6	6,52	0,53	0,04
La		0,017	0,033	5,4			
Ce		0,013	0,026				
Al	4,08	0,382	0,50	23,6			
Be	3,92	0,25	0,38	11,6			
O	-	-	-	-			

Anhang 2: Struktur- und Werkstoffparameter einiger Oxiddielektrika (kristalline Kompaktphase)

Oxid	Konfiguration des Kations	Kristallsymmetrie	Ionenbindungsanteil %	ΔH^o_{298} eV	T_{Sch} K	$/u_0$ gcm^{-3}	ε	E_{g0} eV
Al_2O_3	s^2p^6		62	5,74	2318		10	8
α-Al_2O_3	"	trig.				3,99		
γ-Al_2O_3	"	kub.				3,42		
BeO	s^2	hex.	61	5,83	2823	3,03	6,3	15
CeO_4	s^2p^6	kub.	72	5,57	2223	7,30	14	
Cr_2O_3	d^3	trig.	36	3,90	2713	5,21		
GeO_4	d^{10}	"	42	2,96	1388	4,23	4,1	
HfO_2	s^2p^6	kub.	68	5,78	3063	9,68	30	
La_2O_3	"	trig.	76	6,43	2588	5,84		
MnO_2	d^3	tetr.	42	2,70		5,03		3,1
Mn_2O_3	d^4	kub.				4,50		
MoO_2	d^2	mkl.	37			4,52		
MoO_3	s^2p^6	orthr.			1068	4,50		
Nb_2O_5	"	"	37	4,00	1785	4,47	44	3,5
SiO_2	"	"	50	4,52			4,7	8
Quarz	"	trig.		4,52		2,66		
Kristob.	"	kub.			1986	2,21		
Tridym.	"	hex.				2,26		
Ta_2O_5	"	ort r.	45	4,35	2153	7,53	27	4,1

Anhang 2: (Fortsetzung)

Oxid	Konfiguration des Kations	Kristallsymmetrie	Ionenbindungsanteil %	ΔH^0_{298} eV	T_{Sch} K	ρ_0 gcm^{-3}	ε	E_{g0} eV
TiO_2	s^2p^6		59	4,91			>110	2,9
Rutil	"	tetr.			2128	4,24		
Anatas	"	orthr.				3,90		
Brook.	"	trig.				4,56		
Y_2O_3	"	kub.	75	6,35	2673	4,84	16	
V_2O_3	d^2	trig.	47		2240	4,87		
V_2O_5	s^2p^6	orthr.		3,30	943	3,36		
WO_2	d^2	tetr.	42	2,86		12,1		
WO_3	s^2p^6	mkl.		2,70	1746	7,16	31	2,35
ZrO_2	"	"	66	5,52	2960	5,56	27	4,9

Anlage 3

Separation der Veränderlichen

Wenn wir (105) in (102) einsetzen, erhalten wir

$$(\hat{R}'' + \frac{\hat{R}'}{r})\hat{Z} + \hat{Z}''\hat{R} - \hat{b}^2 \hat{R}\hat{Z} = 0 . \qquad (105.1)$$

Die Division von (105.1) durch (105) liefert (107). Die Beziehung (110) ergibt sich, indem man (109) in (107) einsetzt und $\hat{\mu}^2 = \hat{\alpha}^2 + \hat{b}^2$ berücksichtigt.

Die Produktbildung von (111) und (112) ergibt als spezielle Lösung

$$\hat{R}(r)\cdot\hat{Z}(z) = (\hat{B}_1\hat{J}_0(\hat{\alpha} r) + \hat{B}_2\hat{N}_0(\hat{\alpha} r))\,(\hat{A}_1 \hat{\cosh}(\hat{\mu} z) + \hat{A}_2 \hat{\sinh}(\hat{\mu} z)) . \qquad (112.1)$$

Da $\hat{\mu}$ beliebige diskrete Werte annehmen kann und $\hat{\alpha}$ sich in Abhängigkeit von $\hat{\mu}$ ändert, setzen wir μ als Index hinzu. Damit erhält man bei Summation über alle möglichen speziellen Lösungen (113).

Bestimmung von $\hat{U}_1$ (r,z)

Setzen wir in (111) für $\hat{\mu} = j\beta$ (β reell), so gilt

$$\hat{\cosh}(j\beta z) = \cos(\beta z), \quad \hat{\sinh}(j\beta z) = j\sin(\beta z).$$

Benutzen wir dies und bezeichnen mit $\hat{A}'_1 = \hat{A}_1$; $\hat{A}'_2 = jA_2$, so geht (111) über in (116).

Die Größe $\hat{\mu} = j\,\beta$ in (110) eingesetzt ergibt

$$\hat{\alpha}^2 = (j\,\beta)^2 - \hat{b}^2 = -\beta^2 - \hat{b}^2.$$

Wir schreiben (116) auf mit r = R

$$\hat{U}(R,z) = \sum_{\beta} (\hat{A}'_{1\beta} \cos(\beta z) + \hat{A}'_{2\beta} \sin(\beta z))(\hat{B}_{1\beta}\hat{J}_0(\hat{\alpha}_\beta R) + \hat{B}_{2\beta}\hat{N}_0(\hat{\alpha}_\beta R)) + \hat{C}_0 \qquad (116.1)$$

und vergleichen mit (119). In (119) treten keine cos-Glieder und keine additive Konstante auf, daraus folgt (121).
Der Vergleich der Argumente der Sinusfunktion liefert (120).
Setzen wir nun (120) und (121) in (116.1) ein, so erhalten

wir (122). Unter Verwendung von (121) schreiben wir nun (118.2) in der Form (116)

$$\hat{U}_1(r_0,z) = \sum_{\beta} \hat{A}'_{2\beta} \sin(\beta z)(\hat{B}_{1\beta}\hat{J}_0(\hat{\alpha}_\beta r_0) + \hat{B}_{2\beta}\hat{N}_0(\hat{\alpha}_\beta r_0)) = 0 \quad (116.2)$$

(116.2) ist erfüllt, wenn jeder Summand Null ist. Da sin (ßz) nicht für alle z verschwindet, muß (123) gelten. Aus (122) und (123) lassen sich die in (116) noch offenen Konstanten $\hat{A}'_{2\beta} \cdot \hat{B}_{1\beta}$ und $\hat{A}'_{2\beta} \cdot \hat{B}_{2\beta}$ bestimmen. Wir lösen (123) nach $\hat{B}_{2\beta}$ auf:

$$\hat{B}_{2\beta} = -\hat{B}_{1\beta} \frac{\hat{J}_0(\hat{\alpha}_\beta r_0)}{\hat{N}_0(\hat{\alpha}_\beta r_0)} \quad . \quad (123.1)$$

(123.1) in (122) eingesetzt und $\hat{B}_{2\beta}$ ausklammern, ergibt

$$\hat{A}'_{2\beta} \hat{B}_{1\beta} (\hat{J}_0 (\hat{\alpha}_\beta R) - \frac{\hat{J}_0(\hat{\alpha}_\beta r_0)\, \hat{N}_0(\hat{\alpha}_\beta R)}{\hat{N}_0 (\hat{\alpha}_\beta r_0)} = \frac{4U_0}{\pi(2\lambda - 1)} \quad (123.2)$$

und nach (123.1)

$$\hat{A}'_{2\beta} \hat{B}_{2\beta} = \hat{A}'_{2\beta} (-\hat{B}_{1\beta} \frac{\hat{J}_0(\hat{\alpha}_\beta r_0)}{\hat{N}_0(\hat{\alpha}_\beta r_0)}). \quad (123.3)$$

Wir lösen (123.2) nach der gesuchten Konstanten auf:

$$\hat{A}'_{2\beta} \hat{B}_{1\beta} = \frac{4U_0 \hat{N}_0 (\hat{\alpha}_\beta r_0)}{(2\lambda - 1)\pi (\hat{J}_0(\hat{\alpha}_\beta R) \hat{N}_0(\hat{\alpha}_\beta r_0) - \hat{J}_0(\hat{\alpha}_\beta r_0) \hat{N}_0(\hat{\alpha}_\beta R))} \quad (123.4)$$

(123.4) in (123.3) eingesetzt, liefert die andere Konstante $\hat{A}'_{2\beta} \hat{B}_{2\beta}$. Alle gefundenen Konstanten in (116) eingesetzt, ergibt (124).

Bestimmung von $\hat{U}_2 (r,z)$

Wir setzen in (113) z = H und erhalten

$$\hat{U}(r,H) = \sum_{\beta} \left[\hat{A}_{1\beta} \cosh(\beta H) + \hat{A}_{2\beta} \sinh(\beta H)\right] (\hat{B}_{1\beta} \hat{J}_0(\hat{\alpha}_\beta r) + \hat{B}_{2\beta} \hat{N}_0 (\hat{\alpha}_\beta r)) + \hat{C}_0. \quad (113.1)$$

Der Vergleich mit (129) ergibt (131), da in (129) keine Konstante $\hat{C}_0$ und keine NEUMANN-Funktion auftritt. (125.4) in (113) ausgewertet, liefert (130), da cosh (0) = 1. Nun hat (113) die Form

$$\hat{U}(r,H) = \sum_{\beta} \hat{A}_{2\beta} \sinh(\beta H)\, \hat{B}_{1\beta} \cdot \hat{J}_0(\hat{\alpha}_\beta r). \qquad (113.2)$$

Der weitere Vergleich der Argumente der BESSEL-Funktion liefert (132.1). Nach Gleichsetzen der konstanten Faktoren in (113.2) und (129) folgt (133). Damit sind alle Größen wie in (134) bestimmt.

Grenzübergang $r_0 \longrightarrow 0$

Wir betrachten von (124) den auftretenden Quotienten

$$\frac{\hat{J}_0(\hat{\alpha}_\beta r_0)\, \hat{N}_0(\hat{\alpha}_\beta r) - \hat{N}_0(\hat{\alpha}_\beta r_0)\, \hat{J}_0(\hat{\alpha}_\beta r)}{\hat{J}_0(\hat{\alpha}_\beta r_0)\, \hat{N}_0(\hat{\alpha}_\beta R) - \hat{J}_0(\hat{\alpha}_\beta R)\, \hat{N}_0(\hat{\alpha}_\beta r_0)} . \qquad (124.1)$$

Die Trennung von (124.1) in zwei Summanden ergibt

$$\frac{\hat{J}_0(\hat{\alpha}_\beta r_0)\, \hat{N}_0(\hat{\alpha}_\beta r)}{\text{Nenner wie oben}} - \frac{\hat{N}_0(\hat{\alpha}_\beta r_0)\, \hat{J}_0(\hat{\alpha}_\beta r)}{\text{Nenner wie oben}} . \qquad (124.2)$$

Bei $r_0 \longrightarrow 0$ wächst die NEUMANN-Funktion N_0 über alle Schranken, die BESSEL-Funktion J_0 nimmt an der Stelle $r = 0$ den Wert 1 an, alle anderen Größen in (124.2) sind beschränkt. Damit geht beim Grenzübergang der 1. Summand in (124.2) gegen 0. Im 2. Summanden kürzen wir $\hat{N}_0(\hat{\alpha}_\beta r_0)$, so daß beim Grenzübergang $\frac{\hat{J}_0(\hat{\alpha}_\beta r)}{(\hat{\alpha}_\beta R)}$ verbleibt. Beim Grenzübergang in (134) verwenden wir die Beziehung

$$\hat{J}_0'(\hat{x}) = -\hat{J}_1(\hat{x}). \qquad (129.1)$$

Bestimmung des Stromdichtevektors

Um (143) bzw. (144) anzugeben, benötigen wir die Ableitungen von $\hat{U}(r,z)$ nach r bzw. z. Es ist aber $\hat{U}(r,z)$ eine nach (114) zusammengesetzte Funktion, und der Differentialoperator ist linear, so daß für die Ableitungen gilt

$$\frac{\partial \hat{U}(r,z)}{\partial r} = \frac{\partial \hat{U}_1(r,z)}{\partial r} + \frac{\partial \hat{U}_2(r,z)}{\partial r} + \frac{\partial \hat{U}_3(r,z)}{\partial r}$$

und Analoges für die partielle Ableitung nach z. Wir bestimmen also die einzelnen Ableitungen zu

$$\frac{\partial \hat{U}_1(r,z)}{\partial r} = \sum_{\lambda=1}^{\infty} \frac{4U_0 \sin(\beta z)(-\hat{\alpha}_\beta \hat{J}_1(\hat{\alpha}_\beta r))}{(2\lambda-1)\pi \hat{J}_0(\hat{\alpha}_\beta R)} \tag{143.1}$$

$$\frac{\partial \hat{U}_2(r,z)}{\partial r} = \sum_{\lambda=1}^{\infty} \frac{2U_0 \sinh(\hat{\beta}_\lambda z)}{J_1(\alpha_\lambda) \sinh(\hat{\beta}_\lambda H)} \left(\frac{-1}{R}\right) \hat{J}_1\left(\alpha_\lambda \frac{r}{R}\right) \tag{143.2}$$

$$\frac{\partial \hat{U}_3(r,z)}{\partial r} = \sum_{\lambda=1}^{\infty} \frac{2U_0 \sinh(\hat{\beta}_\lambda (H-z))}{\hat{J}_1(\alpha_\lambda) \sinh(\hat{\beta}_\lambda H)} \left(\frac{-1}{R}\right) \hat{J}_1\left(\alpha_\lambda \frac{r}{R}\right) \tag{143.3}$$

wobei die BESSEL-Funktionen nach (129.1) abgeleitet wurden.

$$\frac{\partial \hat{U}_1(r,z)}{\partial z} = \sum_{\lambda=1}^{\infty} \frac{4U_0 \hat{J}_0(\hat{\alpha}_\beta r) \beta \cos(\beta z)}{(2\lambda-1)\pi \hat{J}_0(\hat{\alpha}_\beta R)} \tag{144.1}$$

$$\frac{\partial \hat{U}_2(r,z)}{\partial z} = \sum_{\lambda=1}^{\infty} \frac{2U_0 \hat{J}_0(\hat{\alpha}_\lambda \frac{r}{R}) \hat{\beta}_\lambda \cosh(\hat{\beta}_\lambda z)}{\hat{J}_1(\alpha_\lambda) \sinh(\hat{\beta}_\lambda H) \alpha_\lambda} \tag{144.2}$$

$$\frac{\partial \hat{U}_3(r,z)}{\partial z} = \sum_{\lambda=1}^{\infty} \frac{-2U_0 \hat{J}_0(\alpha_\lambda \frac{r}{R}) \hat{\beta}_\lambda \cosh(\hat{\beta}_\lambda (H-z))}{\hat{J}_1(\alpha_\lambda) \sinh(\hat{\beta}_\lambda H) \alpha_\lambda} . \tag{144.3}$$

Die Addition von (143.1) bis (143.3) bzw. (144.1) bis (144.3) liefert (143) bzw. (144), wenn noch der Faktor $\frac{-1}{\varrho}$ hinzugefügt wird. Zur Stromberechnung benötigt man $\hat{j}_r(R,z)$ und $\hat{j}_z(r,H)$, die sich nun leicht ergeben, wenn wir in (143) r = R und in (144) z = H setzen.

<u>Berechnung der Ströme</u>

a) Berechnung von $\hat{I}_r$

Setzen wir $\hat{j}_r(R,z)$ in (141) ein, so ist bei Verwendung der abkürzenden Schreibweise für die Ableitungen an der Stelle r=R:

$$\frac{\partial \hat{U}(r,z)}{\partial r}\Big/_{r=R} = \frac{\partial \hat{U}(R,z)}{\partial r}$$

$$\hat{I}_r = \frac{1}{\varsigma}\int_0^H \frac{\partial \hat{U}(R,z)}{\partial r}\, 2\pi R\, dz$$

$$= \frac{2\pi R}{\varsigma}\int_0^H \left(\frac{\partial \hat{U}_1(R,z)}{\partial r} + \frac{\partial \hat{U}_2(R,z)}{\partial r} + \frac{\partial \hat{U}_3(R,z)}{\partial r}\right) dz$$

$$= \frac{2\pi R}{\varsigma}\left[\int_0^H \left(\frac{\partial \hat{U}_1}{\partial r}\right) dz + \int_0^H \left(\frac{\partial \hat{U}_2}{\partial r}\right) dz + \int_0^H \left(\frac{\partial \hat{U}_3}{\partial r}\right) dz\right]. \quad (141.1)$$

Bei Berechnung der einzelnen Integrale in (141.1) setzen wir voraus, daß sich die auftretenden Reihen gliedweise integrieren lassen (gleichmäßige Konvergenz).

Dann gilt:

$$\int_0^H \frac{\partial \hat{U}_1(R,z)}{\partial r}\, dz = \sum_{\lambda=1}^{\infty} \frac{4U_0(-\hat{\alpha}_ß \hat{J}_1(\hat{\alpha}_ß R))}{((2\lambda-1)\pi \hat{J}_0(\hat{\alpha}_ß R))} \int_0^H \sin(ßz)\,dz$$

$$= \left[-\sum_{\lambda=1}^{\infty} \frac{4U_0\, \hat{\alpha}_ß \hat{J}_1(\hat{\alpha}_ß R)}{(2\lambda-1)\pi \hat{J}_0(\hat{\alpha}_ß R)} \left(-\frac{1}{ß}\cos(ßz)\right)\right]_0^H$$

$$= -\sum_{\lambda=1}^{\infty} \frac{8U_0\, \hat{\alpha}_ß\, \hat{J}_1(\hat{\alpha}_ß R)}{(2\lambda-1)\pi \hat{J}_0(\hat{\alpha}_ß R)} \frac{1}{ß}, \quad (141.2)$$

da $\cos 0 = 1$ und $\cos(ßH) = \cos((2\lambda-1)\pi) = -1$ (s. 120)).

Für das 2. und 3. Integral in (141.1) gilt

$$\int_0^H \frac{\partial \hat{U}_2(R,z)}{\partial r}\, dz = -\sum_{\lambda=1}^{\infty} \frac{2U_0\, \alpha_\lambda}{R\, \alpha_\lambda \hat{\sinh}(\hat{ß}_\lambda H)} \int_0^H \hat{\sinh}(\hat{ß}_\lambda z)\, dz$$

$$= -\sum_{\lambda=1}^{\infty} \frac{2U_0}{R\, \hat{ß}_\lambda \hat{\sinh}(\hat{ß}_\lambda H)} (\hat{\cosh}(\hat{ß}_\lambda H)-1), \quad (141.3)$$

denn

$$\int_0^H \hat{\sinh}(\hat{ß}_\lambda z)\,dz = \left[\left(+\frac{1}{\hat{ß}_\lambda}\right) \hat{\cosh}(\hat{ß}_\lambda z)\right]_0^H = \frac{1}{\hat{ß}_\lambda}(\hat{\cosh}(\hat{ß}_\lambda H)-1) \quad (141.4)$$

bzw.

$$\int_0^H \frac{\partial \hat{U}_3(R,z)}{\partial r} dz = \int_0^H \frac{\partial \hat{U}_2(R,H-z)}{\partial r} dz , \tag{141.5}$$

da

$$\int_0^H \hat{\sinh}(\hat{\beta}_\lambda(H - z))\, dz = \left[(-\frac{1}{\hat{\beta}_\lambda}) \hat{\cosh}(\hat{\beta}_\lambda(H - z))\right]_0^H =$$

$$= (-\frac{1}{\hat{\beta}_\lambda})\,(1 - \hat{\cosh}\,(\hat{\beta}_\lambda H)) = \frac{1}{\hat{\beta}_\lambda}\,(\hat{\cosh}(\hat{\beta}_\lambda H) - 1). \tag{141.6}$$

(141.2), (141.3) und (141.5) in (141.1) eingesetzt, ergibt (147).

b) Berechnung des Stromes $\hat{I}_z$

Wir benutzen wieder die abkürzende Schreibweise

$$\frac{\partial \hat{U}\,(r,z)}{\partial z}\Big/_{z=H} = \frac{\partial \hat{U}(r,H)}{\partial z}$$

und setzen $\hat{j}_z\,(r,H)$ in (142) ein, dann ist

$$\hat{I}_z = \frac{1}{\varrho} \int_0^R \frac{\partial \hat{U}(r,H)}{\partial z}\, 2\pi r\, dr$$

$$= \frac{2\pi}{\varrho} \int_0^R \left(\frac{\partial \hat{U}_1(r,H)}{\partial z} + \frac{\partial \hat{U}_2(r,H)}{\partial z} + \frac{\partial \hat{U}_3(r,H)}{\partial z}\right) r\, dr$$

$$= \frac{2\pi}{\varrho} \left(\int_0^R \frac{\partial \hat{U}_1}{\partial z}\, r\, dr + \int_0^R \frac{\partial \hat{U}_2}{\partial z}\, r\, dr + \int_0^R \frac{\partial \hat{U}_3}{\partial z}\, r\, dr\right). \tag{142.1}$$

Nach dem gleichen Prinzip wie bei $\hat{I}_r$ berechnen wir die Integrale in (142.1).

$$\int_0^R \frac{\partial \hat{U}_1(r,H)}{\partial z}\, r\, dr = \sum_{\lambda=1}^{\infty} \frac{4U_0\, \beta \cos(\beta H)}{(2\lambda - 1)\pi\, \hat{J}_0(\hat{\alpha}_\beta R)} \int_0^R r\, \hat{J}_0\,(\hat{\alpha}_\beta\, r)\, dr$$

$$= \sum_{\lambda=1}^{\infty} \frac{4U_0\, \beta \cos(\beta H)}{(2\lambda - 1)\,\pi\, \hat{J}_0(\hat{\alpha}_\beta R)} \left[\left(\frac{r}{\hat{\alpha}_\beta}\, \hat{J}_1\,(\hat{\alpha}_\beta\, r)\,\right)\right]_0^R$$

$$= \sum_{\lambda=1}^{\infty} \frac{4U_0 \ ß \cos(ßH)}{(2\lambda-1)\pi \hat{\alpha}_ß \hat{J}_0(\hat{\alpha}_ß R)} R \hat{J}_1(\hat{\alpha}_ß R), \tag{142.2}$$

wobei das Integral über $\hat{x} \hat{J}_0(\hat{a}\hat{x})$ nach /127/ berechnet ist. Für das 2. Integral erhalten wir

$$\int_0^R \frac{\partial \hat{U}_2(r,H)}{\partial z} r \, dr = \sum_{\lambda=1}^{\infty} \frac{2U_0 \hat{ß}_\lambda \hat{\coth}(\hat{ß}_\lambda H)}{\hat{J}_1(\alpha_\lambda) \alpha_\lambda} \int_0^R r \hat{J}_0(\alpha_\lambda \tfrac{r}{R}) \, dr$$

$$= \sum_{\lambda=1}^{\infty} \frac{2U_0 \hat{ß}_\lambda \hat{\coth}(\hat{ß}_\lambda H)}{\hat{J}_1(\alpha_\lambda) \alpha_\lambda} \left[(\frac{Rr}{\alpha_\lambda} \hat{J}_1(\alpha_\lambda \frac{r}{R})) \right]_0^R$$

$$= \sum_{\lambda=1}^{\infty} \frac{2U_0 \hat{ß}_\lambda \hat{\coth}(\hat{ß}_\lambda H)}{\alpha_\lambda^2} . R^2 . \tag{142.3}$$

Das 3. Integral berechnet man analog, unter Beachtung von $\cosh 0 = 1$ beim Einsetzen für $z = H$:

$$\int_0^R \frac{\partial \hat{U}_3(r,H)}{\partial z} r \, dr = -\sum_{\lambda=1}^{\infty} \frac{2U_0 \hat{ß}_\lambda R^2}{\alpha_\lambda^2 \hat{\sinh}(\hat{ß}_\lambda H)} . \tag{142.4}$$

Wir erhalten nun (148), indem (142.2) bis (142.4) in (142.1) eingesetzt werden.

c) Berechnung des Gesamtstromes $\hat{I}_{ges}$

Beim Zusammenfassen von (147) und (148) zu (149) benutzt man die Beziehungen (s. auch (117) und (132.1)):

$$\frac{\hat{\alpha}_ß}{ß} + \frac{ß}{\hat{\alpha}_ß} = \frac{-\hat{b}^2}{ß \hat{\alpha}_ß} = \frac{\hat{\alpha}_ß^2 + ß^2}{\hat{\alpha}_ß ß} , \quad \frac{R^2 \hat{ß}_\lambda}{\alpha_\lambda^2} - \frac{1}{\hat{ß}_\lambda} = \frac{\hat{b}^2 R^2}{\alpha_\lambda^2 \hat{ß}_\lambda} .$$

Symbolverzeichnis

a Radius, Sprungdistanz, Gitterkonstante, Anodisierbarkeit
b Durchmesser
c Kapazitätsdichte, Konzentration
d Dicke
e Elementarladung
f Frequenz
g Erdbeschleunigung
j Stromdichte
k Durchlässigkeit, Reaktionsrate, Absorptionsindex
l Länge
m Masse
n Brechungsindex, Teilchendichte, Oberflächenzustandsdichte
p Druck, Porosität
q Ladungsdichte, Ladung
r Radius, Rauhigkeit, Volumenverhältnis
s spezifische Oberfläche
t Zeit
v Geschwindigkeit, Volumenanteil
w Kreisfrequenz
x molekulares Verhältnis
z Valenz
A Fläche, Atomgewicht
C Kapazität
D Durchmesser, Diffusionskoeffizient
E elektrische Feldstärke, Energie
F freie Oberflächenenergie
H Höhe, Enthalpie
I Intensität, Stromstärke
K Kraft, Strukturfaktor
L Induktivität
M Masse
N Zustandsdichte
P Polarisation
R Radius, Widerstand

S	Oberfläche
T	Temperatur
U	Potential, Spannung
V	Volumen
W	Barrierenhöhe
Y	Admittanz
Z	Impedanz
α	thermischer Ausdehnungskoeffizient, Reaktionsumsatzanteil, Polarisierbarkeit
β	Wachstumskonstante
γ	Volumen, Temperaturkoeffizient
δ	Eindringtiefe, Verlustwinkel, Dicke
ε	relative Dielektrizitätskonstante
η	Fotostromausbeute, Viskosität, Flächenanteil
ϑ	Randwinkel
$\varkappa$	elektrische Leitfähigkeit
λ	Wärmeleitfähigkeit, Grenzschichtdicke, Prüfausfallrate
μ	spezifische Dichte, Beweglichkeit, Permeabilität
ν	Sprungfrequenz
ϱ	spezifischer elektrischer Widerstand
σ	Grenzflächenenergie
τ	Relaxationszeit
φ	Formiereffektivität
χ	Elektronenaffinität, Suszeptibilität
θ	Bedeckungsgrad, spezifisches Volumen
ϕ	Barrierenhöhe, Austrittsarbeit, Kontaktspannung
ψ	Imprägniereffektivität
Ω	Porenausfüllgrad
$\mathfrak{B}$	magnetischer Induktionsvektor
$\vec{\mathfrak{D}}$	dielektrischer Verschiebungsvektor
$\mathfrak{E}$	elektrischer Feldstärkevektor
$\mathfrak{H}$	magnetischer Feldstärkevektor
$\mathfrak{M}$	Magnetisierungsvektor, Molekulargewicht
$\mathfrak{P}$	Polarisationsvektor
$\mathfrak{r}$	Ortsvektor
γ	effektive Transporteigenschaft

Wichtige Indizees bzw. Abkürzungen:

f	Festphase
fl	Flüssigphase
g	Gasphase
M	Metall
O	Oxid
E	flüssiger Elektrolyt
FE	Festelektrolyt
H	Halbleiter
B	Leiterbahn
D	Defekt
F	Feuchte
Mn	Manganoxid
N	Mangannitrat
P	Pore
Q	TCNQ-Salz

Literatur

/1/	Taylor, R.L.; Haring, H.E.	J. Electrochem. Soc. 103 (1956) 611
/2/	McLean, D.A.; Power, F.S.	Proc. Inst.Radio Engrs.44 (1956) 872
/3/	Robinson, R.L.	US-Pat. 3066247
/4/	Aries, R.	electr. comp. 5 (1971) 171
/5/	Bernard, W.J.	J.Electrochem. Soc.: Rev.&News 124 (1977) 403C
/6/	Langer, H.-D.	Oxidische Dielektrika: Eine werkstofftechnologische Betrachtung dünner Isolatorschichten für Kondensatoren, zur Veröff. in Z. "Feingerätetechnik" eingereicht
/7/	Langer, H.-D. Schuricht, K.	radio fernsehen elektronik 29 (1980) 447 (Teil I), Teil II in Vorb.
/8/	Langer, H.-D.	Schweißtechnik 28 (1978) 4
/9/	Harper, Ch.A. (Herausg.)	Handbook of Materials and Processes for Electronics, Mc Graw-Hill Book Comp., New York u.a. (1970)
/10/	Harper, Ch.A. (Herausg.)	Handbook of Electronic Packaging ebenda (1970)
/11/	Ishikawa, Y.; Sasaki, Y. Seki, Y.; Inowaki, S.	J.Appl.Phys. 34 (1963) 867
/12/	Schröfel, J.; Hüttel, I.	TSF 21 (1974) 3
/13/	Korsun, L.A.; Bairačni, B.I. Andruščenko, F.K.	in Anodnie Okisnie Plenki, Petrozavodsk (1978)
/14/	Klein, G.P.; Jaeger, N.I.	TSF 43 (1977) 103
/15/	Smyth, D.M.	J. Electrochem.Soc.113(1966) 19
/16/	Parisi, G.I.	IEEE Trans. PHP 8 (1972) 33
/17/	Wilcox, P.; McLaurin, B.K.	in Electron. Comp.Conf. (1972)
/18/	Wiley, J.S.; Knight, H.T.	J. Electrochem. Soc. 111(1964) 656
/19/	Hirata, K.; Yamasaki, T. Nishimura, Y.	Fujitusu Sc.&Techn.J.10(1974)4
/20/	Yoshimura, S.; Itoh, Y. Yasuda, M.; Murakami, M. Takahashi, S.; Hasegawa, K.	IEEE Trans.PHP 11 (1975) 315

/21/ Itoh, Y.; Yoshimura, S. — J. Electrochem. Soc.: S.lid-State Sc.&Technol.124 (1977)1128

/22/ Vasvari, B. — in Elektronenstruktur, Deutscher Verl.f. Grundstoffind. Leipzig (1972)

/23/ Mattheiss, L.F. — Phys. Rev. B 1 (1970) 273

/24/ Hugh, E.H.; Welch, R.M. — Phys. Rev. B 1 (1970) 2424

/25/ Langer, H.-D. — wie /22/

/26/ Langer, H.-D. — in Probleme passiver Bauelemente, Deutscher Verl.f. Grundstoff-ind., Leipzig (1973)

/27/ Smyth, D.M.; Shirn,G.A. — J. Electrochem.Soc. 115(1968) 195

/28/ Heusler, K.E. Schlüter, P. — Werkstoffe und Korrosion 20 (1969) 195

/29/ Langer, H.-D. — Dissertation A, TH Ilmenau (1970)

/30/ Steidel,C.A.; Gerstenberg, D. — J. Appl. Phys. 40 (1969) 3828

/31/ Langer, H.-D. — in Diffusion in metallischen Werkstoffen, Deutscher Verl. f. Grundstoffind., Leipzig (1970)

/32/ Alešina,L.A.;Malinenko,V.P. Fofassov,A.D.;Jakovleva,N.M. — wie /13/

/33/ Grey, K.E. — Appl.Phys. Letters 27(1975) 462

/34/ Schneider, H.G.;Langer,H.-D. — Wiss.Z.TH Ilmenau 14(1968)165

/35/ Chao,K.A.; Ansell,G.S. — J. Appl. Phys. 41 (1970) 417

/36/ Westwood,W.D.; Waterhouse,N. Wilcox, P.S. — Tantalum Thin Films, Acad. Press, London u.a. (1975)

/37/ Langer,H.-D. Schneider, H.G. — Kristall und Technik 7 (1972) 561

/38/ Kofstad, P. — J. Electrochem. Soc. 109 (1962) 776

/39/ Randall, J.J. — Electrochim. Acta 20 (1975) 663

/40/ Kihara-Morishita, H. — TSF 29 (1975) 211

/41/ Münz, W.-D., Günzel,E. Wörl,H. — Metall 28 (1974) 592

/42/ Chandhari,P.K.; Michaud,R.A. Quinn, R.M. — J. Electrochem. Soc.: Solid-State Sc. & Technol.124(1977) 1898

/43/ Wyatt, P.W. — ebenda 122 (1975) 1660 und 123 (1976) 667

/44/ Vermilyea, D.A. J. Electrochem. Soc. 110 (1963) 345

/45/ Maurel,B.; Dieumegard,D. Amsel, G. ebenda 119 (1972) 1715

/46/ Archibald, L.C. Electrochim. Acta 22 (1977)657

/47/ Archibald,L.C.;Leach,J.S.L. ebenda 22 (1977) 15

/48/ Shimizu, K.; Tajima, S. Thompson, G.E.; Wood,G.C. ebenda 25 (1980) 1481

/49/ Aladjem, A. J. Mat. Sc. 8 (1973) 688

/50/ Arora, M.R.; Kelly, R. ebenda 12 (1977) 1673

/51/ Vermilyea, D.A. J. Electrochem.Soc.102(1955)207

/52/ Yip,K.L.; Fowler,W.B. Phys.Rev.B 10 (1974) 1391 und 1400

/53/ Mulliken, R.S. J. Chem. Phys. 23 (1955) 1833, zit. in /52/

/54/ Kover,F.; Musselin,M.J. TSF 2 (1968) 211

/55/ Alešina, L.A.; Kerkkenen,J.L. Petrova, V.V.; Jakovleva,N.M. Vortragskurzfassung, Tagung Elkond 80, VR Bulgarien, Plovdiv (1980)

/56/ Vermilyea, D.A. J. Phys.Chem.Solids 26(1965)133

/57/ Smyth,D.M.; Shirn,G.A. Tripp, T.B. J. Electrochem.Soc.111(1964)1331

/58/ Koda,N.; Hirata,K. Nishimura, Y. Fujitsu Sc. Techn.J.12(1974)139

/59/ Walker, J.F.M. Conduction Mechanisms in Tantalum Thin Film Capacitors, Sonderdruck (1967)

/60/ Seve, M. TSF 15 (1973) 285

/61/ Ullman, F.G. J.Phys.Chem.Solids 28(1967)279

/62/ Hughes,D.M.; Jones,M.W. J. Phys.D:Appl.Phys.7(1974)2081

/63/ Thomas,J.H. Appl.Phys.Letters 22(1973)406

/64/ Hickmott,T.W. J.Electrochem.Soc.113 (1966)1223

/65/ Thomas, J.H. J.Appl.Phys.45 (1974) 835

/66/ Khawaja,E.E.;Tomlin,S.G. TSF 30 (1975) 361

/67/ Knausberger,W.H.;Tauber,R.N. J.Electrochem.Soc.20(1973)927

/68/ Young, P.L. J.Appl.Phys. 47(1976) 242

/69/ McGeehin,P.; Hooper,A. J.Mat.Sc.12 (1977) 1

/70/ Kennedy, J.H. TSF 43 (1977) 41

/71/ Takahashi,T.;Eseka,T. Iwahara,H. J.Appl.Electrochem.5(1975)197

/72/ Yao,Y.Y.; Kummer,J.T. J. Inor.Nucl.Chem.29(1967)3453

/73/ Kung,H.H.; Jarrett,H.S. Sleight,A.W.;Ferretti,A. J. Appl. Phys. 48 (1977) 2463

/74/ Laleko,V.A.;Malinenko,V.P. Saizev,V.A.;Učuvatkin,A.F. wie/13/

/75/ Langer, H.-D. Manganoxid als halbleitende Komponente in Kondensatorbauelementen, Vortr., Fachtagung Mikroelektronik, K-M-Stadt (1978)

/76/ Wolf,G.; Naumann,R. Hirche, Ch. DDR-WP 121278

/77/ Hahn,G.; Dusdorf,W. Acta Chim.Acad.Sc.Hungar.71(1972) 137

/78/ Langer, H.-D. a)G1-Bericht,Tantal-Grundlagen, VEB Kondensatorenwerk Freiberg (1974)
b)Wachstum dünner Manganoxidschichten in porösen Körpern, 8.Tagung Elektronenmikroskopie Berlin (1975)
c)Pyrolythische Manganoxidschichten,10.Jahrestagung der VfK, Berlin (1975)
d)REM-Untersuchungen der Struktur von Flüssigkeiten in und an porösen Festkörpern, 9.Tagung Elektronenmikroskopie, Dresden (1978)

/79/ Bernhard,W.J.;Fresia,E.J. Electrocomp.Sc.andTechnol.1(1974) 59

/80/ Brettle,J.; Jackson,N.F. ebenda 3 (1977) 233

/81/ Thomas,G.A. und 29 Mitautoren Phys.Rev. 13 (1976) 5105

/82/ Rogers,D.B.;Shannon,R.D. Sleight,A.W.; Gillson,J.L. Inorg.Chem. 8 (1969) 841

/83/ Hamann,C.; Heim,J. Burghardt,H. Organische Leiter, Halbleiter und Photoleiter, Akad.-Verl., Berlin (1980)

/84/ Thornber,K.K. Solid-State Electr.21 (1978)259

/85/ Simmons,J.G.;Nadkarni,G.S. Lancaster,M.C. J.Appl. Phys. 41 (1970)538

/86/ Kubaschewski,O.;Hopkins,B.E. Oxidation of Metals and Alloys, Butterworths, London (1962)

/87/ Bartling, J.Q. J. Phys.D: Appl.Phys. 9(1976)1619

/88/ Taylor,D.F.;Dignam,M.J. J.Electrochem.Soc.:Solid-State Sc. & Technol. 120 (1973)1299

/89/ Kato, M. Electrochim.Acta 21(1976)593

/90/ Jaeger,N.J.;Klein,G.P.J. Myrvaagnes,B. Electrochem. Soc.:Solid-State & Technol. 119 (1972)1531

/91/ Umezawa,T.;Yajima,S. TSF 29 (1975) 43

/92/ Schauer,A.;Roschy,M. Juergens,W. ebenda 27 (1975) 111

/93/ Osburn,C.M.;Ormond,O.W. J.Electrochem.Soc.:Solid-State Sc.& Technol. 121(1974) 1195

/94/ Sampuran-Singh;Anand,K.V. TSF 37 (1976) 453

/95/ Jackson, N.F. J.Appl. Electrochem.3 (1973)91

/96/ Wood,G.C.; Pearson,C. Corros.Sc. 7 (1967) 119

/97/ Korinek,G. Electrochem.Technol.6 (1968)108

/98/ Orlov,V.M.;Rjungenen,T.J. wie /13/

/99/ Klein, N.; Burstein,E. J. Appl.Phys. 40 (1969) 2728

/100/ Axelrod,N.;Schwartz, N. J. Electrochem.Soc. 116 (1969) 460

/101/ Gerstenberg,D.; Klerer,J. in Proc.Electron.Comp.Conf. (1967)

/102/ Chanina, E.Ja. wie /13/

/103/ Korzo, V.F. TSF 38 (1976) 225 und 237

/104/ Korzo,V.F.; Černjajev,V.N. Dielektričeskie Plenki v Mikroelektronike, Energia,Moskva (1977)

/105/ Chanina, E.Ja. Elektronnaja Technologia 1(1974) 5

/106/ Poplavko, Ju.M. Fizika Dielektrikov,Viša Škola, Kiev (1980)

/107/ Jonscher, A.K. Phil.Mag.B 38 (1978) 587

/108/ Martinez-Duard,J.M. Albella,J.M.;Baonza,J. TSF 36 (1976) 371

/109/ Harrop,P.J.; Campbell,D.S. ebenda 2 (1970) 273

/110/ Schoen,J.M.;Pittetti,R.C. J. Electrochem.Soc. 119(1972) 1215

/111/ Isaacs,H.; Leach,J. J.Inst.Metals 91 (1962) 80

/112/ Korsun,L.A.;Bairačni,B.I. Andrjuščenko, F.K. wie /13/

/113/ Langer,H.-D. Edelmann,J. REM- und Mikrosondenuntersuchungen von Isolationsdefekten in Tantalkondensatoren, 10.Tagung Elektronenmikroskopie, Leipzig (1981)

/114/ Wiener,O. Abhandlgn.sächs.Ges.Akad.Wiss. 32 (1912) 509

/115/ Torkar,K. Ber.DKG 31 (1954) 148

/116/ Hashin,Z.;Shtrikman,S. J.Mech.Phys.Solids 11(1963)127

/117/ Schulgasser,K.; Hashin,Z. J.Appl.Phys.47 (1976) 424

/118/ Lippmann,H. in Halbleiterbauelementeelektronik, Akad.-Verl.,Berlin (1977)

/119/ Langer, H.-D. Dissertation B, TH Karl-Marx-Stadt (1979)

/120/ Luby, S. TSF 32 (1976) 61

/121/ Steidel,C.A. Gerstenberg,D. in Proc. Electron. Comp.Conf. (1969)

/122/ Schwartz,N.;Peters,F.G. in Proc.Electron.Comp.Conf. (1973)

/123/ Peters,F.G.; Schwartz,N. J.Electrochem.Soc.: Solid-State Sc. & Technol. 124 (1977) 949

/124/ Wood,D.M.; Ashcroft,N.W. Phil.Mag. 35 (1977) 269

/125/ Flügge,S.(Herausg.) Handbuch der Physik,Bd. 16, Springer-Verl., Berlin (1958)

/126/ Philippow,E.(Herausg.) Taschenbuch der Elektrotechnik Bd. 1, VEB Verlag Technik, Berlin (1963)

/127/ Kneschke, A. Differentialgleichungen und Randwertprobleme, Bd. 1 und 2, VEB Verlag Technik, Berlin(1960)

/128/ Jahnke-Emde Tafel höherer Funktionen, B.G.Teubner, Leipzig (1952)

/129/ Tolstow,G.P. Fourrerreihen, Deutscher Verl. der Wiss., Berlin (1955)

/130/ Lebedjev, N.N. Spezielle Funktionen und ihre Anwendungen, Moskau/Leningrad (1963)

/131/ Kalantarov, P.L. Zeitlin, L.A. Berechnung von Induktivitäten, Energia, Leningrad (1970)

/132/ Langer,H.-D.;Döring,H.-U. unveräffentlichte Ergebnisse

/133/ Langer,H.-D.;Bittner,O. Gentsch,W. Hermsdorfer Techn.Mitteil. 20 (1980) 1791

/134/ Engell, H.J. Electrochim.Acta 22(1977)987

/135/ Klöpping,E. Dissertation, Universität Mainz (1958)

/136/ Odinez,L.L.;Chanina,E.Ja. Elektrochimia 9(1973) 1378

/137/ Young,L. Proc.Roy.Soc. A 258 (1960) 496

/138/ Dell'Oca,C.J.; Pulfrey,D.; Young,L. Physics of Thin Films 6 (1971)1

/139/ Čismadzev,Ju.A.;Markin,V.S. Makrokinetika Prozessov v Poristich Sredach, Moskva (1971)

/140/ Langer,H.-D.; Richter,J. Veröffentlichung in Vorbereitung

/141/ Lykov,A.V. Theorie des Trocknens, Energia, Moskau (1968)

/142/ Pančenkov, G.M. Lebedev,V.P. Chemische Kinetik und Katalyse, Chimia, Moskau (1974)

/143/ Javorsky,V.; Detlaf,A. Handbuch der Physik, Mir, Moskau (1972)

/144/ US-Pat. 3586923

/145/ Renne, V.T. Električeskie Kondensatori, Energia, Leningrad (1969)

Sachwortverzeichnis

FSC
www.fsc.org
MIX
Papier | Fördert gute Waldnutzung
FSC® C083411

Zeitfracht Medien GmbH
Ferdinand-Jühlke-Straße 7
99095 Erfurt, Deutschland
produktsicherheit@kolibri360.de